議席配分の数理

― 選挙制度に潜む200年の数学 ―

一森 哲男 著

近代科学社

◆ 読者の皆さまへ ◆

平素より，小社の出版物をご愛読くださいまして，まことに有り難うございます．

㈱近代科学社は 1959 年の創立以来，微力ながら出版の立場から科学・工学の発展に寄与すべく尽力してきております．それも，ひとえに皆さまの温かいご支援があってのものと存じ，ここに衷心より御礼申し上げます．

なお，小社では，全出版物に対して HCD（人間中心設計）のコンセプトに基づき，そのユーザビリティを追求しております．本書を通じまして何かお気づきの事柄がございましたら，ぜひ以下の「お問合せ先」までご一報くださいますよう，お願いいたします．

お問合せ先：reader@kindaikagaku.co.jp

なお，本書の制作には，以下が各プロセスに関与いたしました：

・企画：小山　透
・編集：安原悦子，高山哲司
・組版 (LaTeX)・印刷・製本・資材管理：三美印刷
・カバー・表紙デザイン：川崎デザイン
・広報宣伝・営業：冨髙琢磨，山口幸治，東條風太

・本書に掲載されている会社名・製品等は，一般に各社の登録商標です．
　本文中の ⓒ，®，™ 等の表示は省略しています．

・本書の複製権・翻訳権・譲渡権は株式会社近代科学社が保有します．
・ JCOPY 〈(社)出版者著作権管理機構 委託出版物〉
　本書の無断複写は著作権法上での例外を除き禁じられています．
　複写される場合は，そのつど事前に(社)出版者著作権管理機構
　（電話 03-3513-6969，FAX 03-3513-6979，e-mail: info@jcopy.or.jp）の
　許諾を得てください．

まえがき

　わが国では，1 票の価値の平等を求める訴訟が長年続き，1 票の価値の不平等について，多くの人々はそれをよく認識しているようである.

　昔は，国会議員を決める権利が大多数の人になかったわけで，多くの先人の努力により，やっと，年齢制限などはあるものの，基本的には全国民に投票権が与えられるようになった. 確かに，公正な政治が行われるためには，一部の人々による選挙（制限選挙）では不十分で，全員参加の選挙（普通選挙）が必要である. ただ，現在のように，普通選挙が実施されていても，1 票の価値に大きな格差があれば，実質的には，制限選挙に近づく恐れがある.

　そのため，1 票の価値の平等を求める訴訟が続いているが，そもそも，この訴訟はアメリカから飛び火したものである. アメリカ合衆国の下院議員は小選挙区から選出されるが，20 世紀になると，ますます都市化が進み，都市部と農村部では選挙区の人口に大きな違いが発生していた. そのため，アメリカの各地で 1 票の価値の平等を求める訴訟が続き，司法の力で，各選挙区の人口の均等化が進んだ. 現在では，選挙区の区割りを工夫することにより，同一州内のすべての選挙区の人口はほぼ同じとなり，その意味での 1 票の価値の平等化は実現している. しかしながら，異なる州間には 1 票の価値に格差が残っている. 言い換えれば，アメリカ全体としてみれば，1 票の価値に格差が存在している.

　アメリカ合衆国憲法は州の人口に比例して下院議員の議席を配分することを要求している. 州内のすべての選挙区の人口が同じであ

れば，州の人口に完全に比例して議席を配分することは，州間には 1 票の価値に格差が存在しないことを意味する．しかしながら，完全比例は不可能なので，ここでの「人口に比例して」とは「可能な範囲で，できるだけ人口に比例して」と解釈されている．

　本書は，まさに，このことを議論している．すなわち，人口に比例して議席を配分するにはどうすればよいのか？ この問題は，アメリカだけの問題ではなく，代議制を採用するどの国にも共通の普遍的な問題である．わが国でも，人口に比例して議席を配分するという文言はよく耳にする．例えば，議員の数は，人口に比例して，条例で定めるとか，各都道府県の人口に比例して衆議院議員の議席を配分するという．2020 年度の国勢調査結果に対し，アダムズ方式で議席を配分することになっているが，はたして，これで問題解決となるのであろうか？

　アメリカでは 20 世紀の前半，ウェブスター方式の支持者とヒル方式の支持者の間で，長く，激しい論争が続いた．結局，ヒル方式の支持者の勝利で終わり，1940 年度の国勢調査結果に対し，それまでのウェブスター方式からヒル方式に議席配分方式が変更となり，現在に至っている．しかし，現在でも，問題解決とはなっていないようである．

　本書はこの問題を数理的な観点から議論している．問題そのものは政治学の問題であるが，明らかにしたいことはただ「できるだけ比例」という概念をどのようにして把握するかである．本書では，情報理論や物理学で使われる「エントロピー」を議席の配分に利用している．議論の中に関数方程式もでてくるなど，本来の政治学では予想もつかないものが使われており，なかなか興味深い話題になっている．

2018 年 4 月

大阪にて　一森哲男

本書で用いた主な記号

記号	内容
s	州の数
p_i	州 i の人口, 正の整数
π	総人口, $\pi = \sum_{i=1}^{s} p_i$
a_i	州 i に与えられる議席数, 正の整数
h	議席の総数, $h = \sum_{i=1}^{s} a_i > s$
q_i	州 i の取り分, $q_i = h p_i / \pi$, 正の実数
$d(n)$	丸め関数, $d(0) = 0$
λ	除数, 正の実数 (整数にする場合が多い)
S	州全体の集合, $S = \{1, \ldots, s\}$
T	2 議席以上を受け取る州の集合, $T = \{i \mid a_i \geq 2, \ i \in S\}$
$\max_{i \in S} v_i$	$v_1, \ldots, v_s$ の中の最大値
$\min_{i \in T} v_i$	$v_i \ (i \in T)$ の中の最小値
$\mathcal{S}(x, r)$	実数パラメータ r を持つ, 正の 2 実数 x と $x+1$ の ストラスキー平均
$H_\theta(\mathcal{U})$	レニーのエントロピー, $\theta > 0$
$\mathcal{A}$	議席分布, $\mathcal{A} = (a_1/h, \ldots, a_s/h)$
$\mathcal{P}$	人口分布, $\mathcal{P} = (p_1/\pi, \ldots, p_s/\pi)$
$I_\theta(\mathcal{A} \| \mathcal{P})$	レニー・ダイバージェンス, $\mathcal{A}$ から $\mathcal{P}$ までの擬距離
$f(x, y)$	1 票の不平等関数, $x > 0, \ y > 0$
$u(x, y)$	差分関数, $u(x, y) = y f(x+1, y) - y f(x, y)$, $x > 0, \ y > 0$

目　次

まえがき　……………………………………………　iii

第1章　アメリカの議席配分の歴史　…………………　1
1.1　ジェファソン方式　………………………………　1
1.2　ウェブスター方式　………………………………　4
1.3　ジェファソン方式とウェブスター方式　……………　5
1.4　最大剰余方式　……………………………………　11
1.5　アラバマ・パラドックス　…………………………　15
1.6　ヒル方式　…………………………………………　17

第2章　除数方式　………………………………………　25
2.1　除数方式とは　……………………………………　25
2.2　同順位の議席配分　………………………………　26
2.3　スライド法　………………………………………　28
2.4　ランク法　…………………………………………　32
2.5　スライド法とランク法　…………………………　35
2.6　除数方式の2つの特徴づけ　……………………　36
2.7　最適化による議席配分　…………………………　40

第3章　ハンティントンとヒル方式　…………………　43
3.1　ヒル方式の導出　…………………………………　43
3.2　ディーン方式の導出　……………………………　45
3.3　ウェブスター方式の導出　………………………　47

3.4	ヒル方式の妥当性	49
3.5	ハンティントン批判	51

第4章　ウェブスター方式への回帰 ……………… 55

4.1	ウィルコックスの主張	55
4.2	バリンスキー・ヤングの主張	60
4.3	困難な回帰	64

第5章　情報理論と議席配分 …………………………… 69

5.1	エントロピー	69
5.2	ダイバージェンス（情報量）	71
5.3	最大最小不等式	73
5.4	ストラスキー平均	76
5.5	エントロピーを最大にする配分方式	77
5.6	もう1つのエントロピーの最大化	78
5.7	妥当な配分方式	81

第6章　ベストな配分方式 ……………………………… 83

6.1	最適化から除数方式へ	83
6.2	除数方式から最適化へ	89
6.3	緩和比例とゼロ次同次性	91
6.4	中庸方式	92
6.5	中庸方式による議席配分例	98

第7章　わが国で使われるアダムズ方式 ………… 103

| 7.1 | 大きな偏り | 103 |
| 7.2 | 小さな格差とレンジ（範囲） | 106 |

付録A　証明と解説 ……………………………………… 110

| A.1 | 定理3の証明 | 110 |

目次 ix

A.2 定理 7 の証明 …………………………………… 112

A.3 いろいろな平均 …………………………………… 117

A.4 平均の大小関係の証明 …………………………… 119

付録 B 課題とヒント …………………………………… 125

B.1 第 1 章の課題 ……………………………………… 125

B.2 第 2 章の課題 ……………………………………… 127

B.3 第 3 章の課題 ……………………………………… 129

B.4 第 4 章の課題 ……………………………………… 130

B.5 第 5 章の課題 ……………………………………… 136

B.6 第 6 章の課題 ……………………………………… 139

B.7 第 7 章の課題 ……………………………………… 141

あとがき …………………………………………………… 143

参考文献 …………………………………………………… 145

索引 ………………………………………………………… 147

第1章

アメリカの議席配分の歴史

アメリカ合衆国最高裁判所

1.1 ジェファソン方式

アメリカ合衆国憲法では (i) 州の人口に比例して州のあいだで下院議員を配分すること，(ii) そのために，州の人口は 10 年ごとに求めること，(iii) 下院議員の数は人口 3 万人につき 1 名の割合を超えないこと，(iv) ただし，例外として各州 1 名の下院議員を持つことが規定されている．

人口比例の議席配分をどのようにして行うのかを考える前に，アメリカではどのようにして，これを行ってきたのかを振り返ってみる．ただし，本書の目的は数理的な観点から議席配分方式を考察することであるため，歴史そのものを深くは議論しない．

最初の下院議員の議席配分は憲法で決められた．このときの，州の数は 13 で議席総数は 65 議席であった．各州に与えらた議席数を

2 第1章 アメリカの議席配分の歴史

表 1.1 に示す. その後, 1790 年にアメリカ合衆国として, 第 1 回目の国勢調査が行われ, 各州の人口が定まった. 議席配分を行うに当たり, 当時, 国務長官であったジェファソン[1]は人口 3 万 3000 人につき 1 議席の方針を取った. 具体的には, 国勢調査で定まった各州の人口を 3 万 3000 で割り, 各州に対しその商を求めた. 当時, 最大の人口を擁したバージニア州の場合, 人口は 63 万 560 人なので,

$$630560 \div 33000 = 19.108$$

となる. バージニア州の商の値 19.108 は整数部 19 と小数部 .108 に分かれるが, ジェファソンは同州に 19 議席を与えた. 他の州にも同様の計算を施すと, 表 1.2 の配分結果が得られる. 実際, 除数 3 万 3000 を下回る人口を持つ州は存在していないので, 考慮する必要はないが, もし, そのような州があれば, その州には 1 議席を配分する. この配分方式はジェファソン方式と呼ばれ, 商の値の整数部だけの議席を州に与える. 言い換えれば, 商の小数点以下の端数を切り捨てた数の議席を州に与える.

　1800 年度の国勢調査結果に対しても, 除数 3 万 3000 を用いたジェファソン方式が使用された. その後, 除数の値は変化し 1810 年度は 3 万 5000, 1820 年度は 4 万, 1830 年度は 4 万 7700 が使用された. 除数の値の増加速度を上回る速さで総人口は増加し, その結果, 議席の総数は 1790 年度の 105 議席から, 1800 年度は 141 議席, 1810 年度は 181 議席, 1820 年度は 213 議席, 1830 年度は 240 議席へと増加した.

　上記の段落の文章は, 少し注意が必要である. アメリカでは西暦の末尾が 0 のつく年に国勢調査が実施される. 当然, 人口が算定されるのにも時間がかかり, その人口をもとに, 議席の再配分を定める法律が成立するのにもかなりの時間がかかる. 例えば, 1790 年の第 1 回の国勢調査で算定された人口をもとに, 表 1.2 の 105 議席の配分が法律として定まったのは 1792 年であり, それが実現したのは 1793 年の議会からである. そのため, 西暦の末尾が 0 のつく年に

---

1) Thomas Jefferson (1743–1826). 第 3 代アメリカ合衆国大統領 (任期は 1801 年 3 月から 1809 年 3 月まで). 1790 年から 93 年まで国務長官を務め, 第 1 回の国勢調査を担当し, 議席配分のため, 配分方式 (ジェファソン方式) を考案した. 90 年後, ベルギーの数学者ドントにより, この配分方式が再発見された. 共和制の確立と西部発展に尽力し, 民主的改革を推進. 独立宣言の起草者でもある.

表 1.1 憲法で定められた最初の下院議員の議席配分

州　名	議席数
バージニア	10
マサチューセッツ	8
ペンシルベニア	8
ニューヨーク	6
メリーランド	6
ノースカロライナ	5
コネティカット	5
サウスカロライナ	5
ニュージャージー	4
ニューハンプシャー	3
ジョージア	3
ロードアイランド	1
デラウェア	1
合計	65

図 1.1 13州成立（1790年）当時のアメリカ合衆国[※]

※) 出典：「アメリカ合衆国の州（成立順）」『フリー百科事典 ウィキペディア日本語版』, 2016 年 11 月 28 日（月）04:15 UTC, URL: http://ja.wikipedia.org を引用. ただし, 州名をカタカナ表記にするなど適宜改変を加えた. メイン州は1820 年にマサチューセッツ州より分離し, ウェストバージニア州は 1863 年にバージニア州より分離した.

4 第 1 章 アメリカの議席配分の歴史

表 1.2 1790 年度の各州の人口と議席数，除数 3 万 3000 のジェファソン方式

州　名	人　口	商	議席数
バージニア	630,560	19.108	19
マサチューセッツ	475,327	14.404	14
ペンシルベニア	432,879	13.118	13
ノースカロライナ	353,523	10.713	10
ニューヨーク	331,589	10.048	10
メリーランド	278,514	8.440	8
コネティカット	236,841	7.177	7
サウスカロライナ	206,236	6.250	6
ニュージャージー	179,570	5.442	5
ニューハンプシャー	141,822	4.298	4
バーモント	85,533	2.592	2
ジョージア	70,835	2.147	2
ケンタッキー	68,705	2.082	2
ロードアイランド	68,446	2.074	2
デラウェア	55,540	1.683	1
合計	3,615,920		105

国勢調査が実施されても，議席の再配分や議席の総数がその年に決まるわけではない．ただし，いつそれらが決まるのかは，そのときの事情による．そのため，国勢調査の実施年でもって，その後に定まった議席の再配分や議席の総数を記述している．

2) Daniel Webster (1782–1852)．弁護士として有名になり，連邦下院議員，連邦上院議員，国務長官を歴任した．1832 年に議席配分に関する上院委員会の委員長として，アダムズ方式やディーン方式を検討したが，満足せず，新たな配分方式（ウェブスター方式）を考案した．彼の主張を議会が受け入れ，1840 年度の国勢調査結果に対し，同方式が使用された．19 世紀前半のアメリカを代表する政治家である．

■ 1.2 ウェブスター方式

1840 年度の国勢調査結果に対し，配分方式がジェファソン方式からウェブスター[2]方式に変わった．今度の方式は，州の商の整数部だけの議席を州に与えるだけでなく，商の小数部が 0.5 よりも大きければ 1 議席を追加した．つまり，この配分方式は商の小数点以下の端数を四捨五入で丸めた整数値だけの議席を州に与える．この時に使われた除数は 7 万 680 で，人口が最大のニューヨーク州では，

$$2428919 \div 70680 = 34.365$$

となり，小数点以下の端数が 0.5 より小さいので，端数は切り捨てられる．その結果，34 議席が同州に与えられるが，人口 10 万 8828 人のロードアイランド州では，

$$108828 \div 70680 = 1.54$$

となり，切上げで 2 議席が与えられる．1840 年度の国勢調査人口とウェブスター方式を用いたときの各州に与えられる議席数を表 1.3 に与える．

1840 年度の国勢調査結果に対し，議席の配分方式が変化したが，議席の総数に関しても大きな変化が生じた．すなわち，初めて，10 年前と比べて，議席の総数が減少した．1830 年度が 240 議席であったのが，1840 年度では 223 議席に減少した．ただし，10 年前と比べて，議席総数が減少したのは，この時が初めてで，今後減少することはなさそうなので，おそらく，この時が最後と思われる．その後，1910 年度まで，増加の一途をたどり，現在は議席の総数が 435 に固定されている．1910 年度の国勢調査結果に対し，議席総数は 433 に決められたが，1912 年にニューメキシコ準州とアリゾナ準州が州に昇格した結果，議席総数は現在の 435 に達した．1959 年にアラスカとハワイが州になったとき，一時的に議席総数が 437 となったが，1960 年度の国勢調査結果に対して，議席の総数が 435 にもどった[3]．また，1840 年度に，州内では州の議席数と同数の選挙区を作り，各選挙区から 1 名の議員を選出するように法律で規定された．しかし，長い間（1960 年代でも），すべての議員が小選挙区から選出されるわけではなかった．

3) 参考資料として，第 1 章末にアメリカ合衆国の州成立の変遷を掲載する．

▍ 1.3　ジェファソン方式とウェブスター方式

なぜ，ジェファソンは切捨てを選んだのか？　ジェファソンは人口を共通の除数で割り算した結果，すなわち，商の値の小数点以下の端数を切り捨てているが，なぜ切り捨てたのかは明らかではない．

6　第 1 章　アメリカの議席配分の歴史

表 1.3　1840 年度の各州の人口と議席数，除数 7 万 680 のウェブスター
方式

州　名	人　口	商	議席数
ニューヨーク	2,428,919	34.365	34
ペンシルベニア	1,724,007	24.392	24
オハイオ	1,519,466	21.498	21
バージニア	1,060,202	15.000	15
テネシー	755,986	10.696	11
マサチューセッツ	737,699	10.437	10
ケンタッキー	706,925	10.002	10
インディアナ	685,865	9.704	10
ノースカロライナ	655,092	9.268	9
ジョージア	579,014	8.192	8
メイン	501,793	7.100	7
アラバマ	489,343	6.923	7
イリノイ	476,051	6.735	7
サウスカロライナ	463,583	6.559	7
メリーランド	434,124	6.142	6
ニュージャージー	373,036	5.278	5
ミズーリ	360,406	5.099	5
コネティカット	310,008	4.386	4
ミシシッピ	297,567	4.210	4
バーモント	291,948	4.131	4
ルイジアナ	285,030	4.033	4
ニューハンプシャー	284,574	4.026	4
ミシガン	212,267	3.003	3
ロードアイランド	108,828	1.540	2
アーカンソー	89,600	1.268	1
デラウェア	77,043	1.090	1
合計	15,908,376		223

　配分方式がジェファソン方式に決定する前に，議会では同方式が人
口の多い州に有利と指摘されていた．1790 年当時，最大の人口を擁
していたバージニア州の人口は全体の 17.44% を占めていたが，同
州に配分された議席は全体の 18.10% であった．一方，人口の一番少
ないデラウェア州の人口は全体の 1.54% でありながら，議席は全体
の 0.95% に過ぎなかった．つまり，議席の割合（%）と人口の割合

（％）の観点からすれば，バージニア州は 0.66 ポイントのアップであり，デラウェア州は 0.59 ポイントのダウンであった．明らかに，ジェファソン方式は人口の多いバージニア州に有利な議席配分をし，人口の少ないデラウェア州に不利な議席配分を行っている．

　ジェファソンはバージニア州出身であるが，そのことが切捨て方式を選んだ理由であるかもしれない．他の理由としては，もし，デラウェア州の商の値 1.683 を 2 に切り上げれば，つまり，同州に 2 議席を与えると，人口 5 万 5540 人に 2 議席を与えたことになり，憲法の人口 3 万人につき 1 名の割合を超してしまい，憲法に違反する．これを防ぐため切捨て方式を選んだのかもしれない．

　ジェファソン方式が人口の多い州に有利な議席配分をする傾向にあることを理解するために，小数部が同一の商を持つ，人口の少ない州と人口の多い州を考えてみる．例えば，商として，1.99 と 40.99 を考えてみる．ジェファソン方式を用いると，前者の州は 1 議席が与えられ，後者の州は 40 議席が与えられる．このとき，前者の州は大きく損をしている．商の値 1.99 のうち約半分の 50.24％相当が 1 議席に変換されたのに，後者の商 40.99 はほぼ全部の 97.58％が議席に変換されている．つまり，人口の多い州のほうがかなり有利となっている．

　一方，ウェブスター方式は商の小数部を 0.5 を境にして，切上げと切捨ての処理をしているため，特に，人口の少ない州あるいは多い州がことさら有利となる配分を与えるとは思えない．確かに，商の値が 1.49 と 40.49 ならば，前者に 1 議席，後者に 40 議席が与えられ，商の 67.11％と 97.58％がそれぞれ議席に変換されて，人口の多い州が有利であるが，逆に，商が 1.51 と 40.51 であれば，それぞれ，2 議席と 41 議席が与えられ，商の 132.45％と 101.21％がそれぞれ議席に変えられる．そうなると，人口の少ないほうが有利となる．つまり，0.5 を境にしてバランスが取れており，人口の多い州あるいは少ない州に特に有利となるとは思えない．

　1830 年度の国勢調査結果に対し，ジェファソン方式とウェブスター

8 第 1 章 アメリカの議席配分の歴史

表 1.4 1830 年度の各州の人口とジェファソン方式 J（除数 4 万 7700）
とウェブスター方式 W（除数 4 万 9800）による配分

州　名	人　口	J	W
ニューヨーク	1,918,578	40	39
ペンシルベニア	1,348,072	28	27
バージニア	1,023,503	21	21
オハイオ	937,901	19	19
ノースカロライナ	639,747	13	13
テネシー	625,263	13	13
ケンタッキー	621,832	13	12
マサチューセッツ	610,408	12	12
サウスカロライナ	455,025	9	9
ジョージア	429,811	9	9
メリーランド	405,843	8	8
メイン	399,454	8	8
インディアナ	343,031	7	7
ニュージャージー	319,922	6	6
コネティカット	297,665	6	6
バーモント	280,657	5	6
ニューハンプシャー	269,326	5	5
アラバマ	262,508	5	5
ルイジアナ	171,904	3	3
イリノイ	157,147	3	3
ミズーリ	130,419	2	3
ミシシッピ	110,358	2	2
ロードアイランド	97,194	2	2
デラウェア	75,432	1	2
合計	11,931,000	240	240

　方式の配分結果を表 1.4 に与える．除数はそれぞれ 4 万 7700 と 4 万
9800 である．このときの州の数は 24 なので，総人口を 24 で割り，
平均の人口を求めると 49 万 7125 人となる．これより人数の多い州，
すなわち，ニューヨーク州からマサチューセッツ州までの 8 州を大州
と呼ぶ（表 1.4）．また，残りの人口の少ない州を小州と呼ぶことにす
る．大州 8 州の総人口は 772 万 5304 人で，全体の 64.75% を占めて
いる．それらに対し，ジェファソン方式は計 159 議席，ウェブスター

表 1.5 1830 年度の大州の人口とジェファソン方式とウェブスター方式
による配分

州　名	人口	J	W
ニューヨーク	1,918,578	40	39
ペンシルベニア	1,348,072	28	27
バージニア	1,023,503	21	21
オハイオ	937,901	19	19
ノースカロライナ	639,747	13	13
テネシー	625,263	13	13
ケンタッキー	621,832	13	12
マサチューセッツ	610,408	12	12
合計	7,725,304	159	156

方式は計 156 議席を与えている（表 1.5）．議席の総数は 240 議席なので，それぞれ，66.25％と 65.00％を与えている．だから，ジェファソン方式は大州グループに 1.5％多く，ウェブスター方式は 0.25％多く議席を配分している．あるいは，議席総数の 64.75％は 155.4 議席なので，ジェファソン方式は大州グループに 3.6 議席多く，ウェブスター方式は 0.6 議席多く配分している．ジェファソン方式の配分結果から見ると，ウェブスター方式は大州のニューヨーク州，ペンシルベニア州，ケンタッキー州からそれぞれ 1 議席を奪い，小州のバーモント州，ミズーリ州，デラウェア州の各州に 1 議席を追加している．

　州の人口をその議席数で割ったものをその州の「選挙区サイズ」と呼ぶ．この値は実数であるが，しばしば，整数に丸めて表示される．現在のアメリカのように，同一州内のすべての選挙区の人口が実質的に同数ならば，選挙区サイズは選挙区の人口そのものである．同様に，総人口を議席総数で割ったものを，「基準人数」と呼ぶ．具体的には，1193 万 1000 を 240 で割った数値，4 万 9713 人が基準人数[4]である．表 1.6 には，各州の選挙区サイズとそれを基準人数で割った数値，すなわち，両者の比率を，ジェファソン方式とウェブスター方式に対してそれぞれ与えている．

4) これも，しばしば，整数に丸めて表示される．

10　第 1 章　アメリカの議席配分の歴史

表 1.6　1830 年度の選挙区サイズと基準人数に対する比率，ジェファソン方式とウェブスター方式

州　名	ジェファソン方式		ウェブスター方式	
	選挙区サイズ	比率	選挙区サイズ	比率
ニューヨーク	47,964	0.965	49,194	0.990
ペンシルベニア	48,145	0.968	49,929	1.004
バージニア	48,738	0.980	48,738	0.980
オハイオ	49,363	0.993	49,363	0.993
ノースカロライナ	49,211	0.990	49,211	0.990
テネシー	48,097	0.968	48,097	0.968
ケンタッキー	47,833	0.962	51,819	1.042
マサチューセッツ	50,867	1.023	50,867	1.023
サウスカロライナ	50,558	1.017	50,558	1.017
ジョージア	47,757	0.961	47,757	0.961
メリーランド	50,730	1.020	50,730	1.020
メイン	49,932	1.004	49,932	1.004
インディアナ	49,004	0.986	49,004	0.986
ニュージャージー	53,320	1.073	53,320	1.073
コネティカット	49,611	0.998	49,611	0.998
バーモント	56,131	1.129	46,776	0.941
ニューハンプシャー	53,865	1.084	53,865	1.084
アラバマ	52,502	1.056	52,502	1.056
ルイジアナ	57,301	1.153	57,301	1.153
イリノイ	52,382	1.054	52,382	1.054
ミズーリ	65,210	1.312	43,473	0.874
ミシシッピ	55,179	1.110	55,179	1.110
ロードアイランド	48,597	0.978	48,597	0.978
デラウェア	75,432	1.517	37,716	0.759

　州の選挙区サイズと基準人数の比率は 1 より小さいと，その州は過大に代表され有利となる．比率が 1 より大きいと，過少に代表され不利となる．表 1.6 の 8 つの大州を見ると，ジェファソン方式による配分ではマサチューセッツ州を除く 7 州で比率が 1 を下回っており，大州に有利な配分であることが分かる．ウェブスター方式の配分でも半分の 4 州より 1 つ多い 5 州で 1 を下回り，少し大州に有利な配分となっている．小州 16 州を見ても同じことが分かる．表 1.6

の小州 16 州のうち，ジェファソン方式の配分では比率が 1 を下回っ
ている州が 4 州しかなく，小州全体の 4 分の 1 でしかない．つまり，
ジェファソン方式は小州にとってかなり不利な配分を与えている．
ウェブスター方式は 7 州において比率が 1 より小さくなっている．
小州全体の半数に近いが，いくぶん小州にとって不利な配分となっ
ている．さらに，人口の少ないミズーリ州やデラウェア州では，ど
ちらの配分方式に対しても比率が理想の 1 から大きく異なり，人口
比例配分そのものが難しいことを示唆している．

■ 1.4 最大剰余方式

　ウェブスター方式は 1840 年度の国勢調査結果に用いられたが，こ
の時は，その使用は一度だけで終わってしまった．1840 年代から
1850 年代にかけては，下院議員の総数の増加に反対する風潮が強
かった．1791 年にバーモント州が合衆国の 14 番目の州として誕生
するまで，下院議員の総数は 13 州の合計で 65 人であったものが，
1830 年度の国勢調査結果に対しては，下院議員の総数は 24 州の合
計で 240 人に増加した．州の数は 1.85 倍に増加したが，議員の数は
3.7 倍に増加した．上院議員の数は各州 2 名であることから，上院議
員の数も 1.85 倍の増加で，上院に対して下院の増加が大きすぎた．
そのため，議会は下院の議席総数を微妙にコントロールしたかった
し，希望する議席総数の配分結果を知りたかった．

　当然のことながら，ウェブスター方式は除数の値を定めると議席
の総数が判明するが，その逆の操作は，当時としては難しかったよ
うである．つまり，希望する議席総数を与える除数の値を求めるこ
とは，コンピュータもない時代，そう簡単な計算ではなかった．議
会は 1850 年度の国勢調査結果に対し，1840 年度の総数 223 議席か
ら 1850 年度の総数 234 議席までの，各議席総数に対する 12 個の異
なる除数の値，さらに，各除数に対する各州の受け取る議席数を知
りたかった．

12 第 1 章 アメリカの議席配分の歴史

さらに 50 年後，議会は 1900 年度の国勢調査結果に対し，再び，ウェブスター方式の配分結果を知りたかった．そのため，除数の値を，ある範囲内の 500 の倍数と定め，ウェブスター方式の配分結果を順に調べていった．しかしながら，除数の値が 500 ずつ変化しても，州全体に配分される議席の総数は規則的に 1 ずつ変化するわけではなかった．全体の 3 分の 1 では除数の値が 500 変化すると議席総数は 1 変化したが，残り 3 分の 2 では議席総数が変化しなかったり，2 議席あるいは 3 議席の変化となった．つまり，希望する議席総数に対するウェブスター方式の配分結果を常に知ることができるというわけではなかった．この計算が上手くできるようになったのは，1910 年度の国勢調査結果に対する議席配分のときからである．

結局，ウェブスター方式は議会や時代の要請に応えることが難しく，1850 年度の国勢調査結果に対して，議席配分方式として，最大剰余方式が使用された．アメリカでは，この方式はビントン[5]方式あるいはハミルトン[6]方式と呼ばれている．わが国では最大剰余方式は戦後から，地域に議席を配分するときに使われてきた方法で，我々には馴染み深い方法である．この配分方式は，希望する議席総数の配分が容易に見つかる．

基準人数とは総人口を議席総数で割った数値と定義したが，州の人口をこの基準人数でさらに割り算した結果を州の「取り分」と呼んでいる．同じことであるが，取り分とは州の人口に完全比例した議席数（実数）とも言える．州の数を s，州 i の人口を p_i，総人口を π とする．さらに，議席の総数を h とすると，基準人数は π/h となる．すると，州 i の取り分 q_i は，

$$q_i = \frac{p_i}{\pi/h} = h \times \frac{p_i}{\pi} \qquad \text{ただし，} \quad \pi = \sum_{j=1}^{s} p_j$$

となり，州 i の取り分 q_i はその州の人口 p_i に比例する：$q_i = (h/\pi)p_i$．この場合の比例定数は h/π であり，非常に小さな数値となっている．この式を，$p_i = (\pi/h)\, q_i$ と見れば，比例定数は π/h，つまり，基準人数になる（基準人数は慣例で整数値に丸めて表現される）．州 i に配

---

5) Samuel Vinton (1792–1862)．オハイオ州選出の下院議員．1850 年に定められたビントン方式は，1792 年にハミルトンが提案した最大剰余方式に等しい．最大剰余方式は 1792 年にワシントン大統領により却下されていたにも関わらず，20 世紀になるまで使用され続けた．

6) Alexander Hamilton (1757–1804)．初代アメリカ合衆国財務長官．1792 年に，最大剰余方式を考案したが，ワシントン大統領に，州に配分する議席数を求めるとき，この方式には共通の除数が存在しないとして却下された．1804 年，当時の副大統領アーロン・バーと決闘を行い，被弾して死亡した．

分される議席数（正の整数）を a_i とすると，明らかに，$h = \sum q_i = \sum a_i$ となるので，その意味において，取り分 q_i と議席数 a_i は同じサイズを持つ．

最大剰余方式の最大の長所は最初に議席総数を定めることができることである．ここで，最大剰余方式の議席配分の方法を説明する．すべての州の取り分を求める．各州に取り分の整数部の数だけの議席を与える（基本配分）．この時点で，すべての議席が配分されるわけではない．そこで，すべての議席が配分されるように，いくつかの州に 1 議席を追加する（追加配分）．追加時の優先順位は，この時点で 1 議席も与えられていない州はすべて最優先権を持つ（憲法の要請）．残りの州に対しては，取り分の小数部の値で判断する．もちろん，値が大きいほど大きな優先権を持つ．

現実問題として，この配分のルールで支障をきたさないが，理論的には困った状況に陥る．例えば，議席総数を 10，州の数を 3，州の人口を順に，97 万人，2 万人，1 万人とすると，取り分は順に 9.7，0.2，0.1 となる．基本配分は順に 9，0，0 となり，9 議席が配分済みとなる．2 つの州に議席が与えられていないのに，追加議席は 1 議席しかない．つまり，この配分ルールでは州に 1 議席の保証ができない．

1850 年度の国勢調査結果に対して，234 議席を最大剰余方式で配分すると，表 1.7 が得られる．基本配分で 220 議席が州に与えられ，追加議席が 14 議席ある．しかし，取り分の整数部が 0 となっている州は 2 州だけなので，これらの州にそれぞれ 1 議席を与えると，すべての州に 1 議席が保証される．この結果は取り分の小数点以下の端数を四捨五入しても同じ結果が得られるので，ウェブスター方式を使用しても最大剰余方式と同一の結果を与える．

14 第1章 アメリカの議席配分の歴史

表 1.7 1850 年度の各州の人口と議席数，最大剰余方式

州　名	人　口	取り分	議席数
ニューヨーク	3,097,394	33.186	33
ペンシルベニア	2,311,786	24.769	25
オハイオ	1,980,329	21.218	21
バージニア	1,232,649	13.207	13
マサチューセッツ	994,499	10.655	11
インディアナ	988,416	10.590	11
テネシー	906,933	9.717	10
ケンタッキー	898,012	9.622	10
イリノイ	851,470	9.123	9
ノースカロライナ	753,620	8.074	8
ジョージア	753,512	8.073	8
ミズーリ	647,074	6.933	7
アラバマ	634,514	6.798	7
メイン	583,188	6.248	6
メリーランド	546,887	5.859	6
サウスカロライナ	514,513	5.513	6
ニュージャージー	489,466	5.244	5
ミシシッピ	482,595	5.171	5
ルイジアナ	419,824	4.498	4
ミシガン	397,654	4.261	4
コネティカット	370,791	3.973	4
ニューハンプシャー	317,964	3.407	3
バーモント	314,120	3.366	3
ウィスコンシン	305,391	3.272	3
アイオワ	192,214	2.059	2
アーカンソー	191,057	2.047	2
テキサス	189,327	2.028	2
カリフォルニア	165,000	1.768	2
ロードアイランド	147,544	1.581	2
デラウェア	90,619	0.971	1
フロリダ	71,721	0.768	1
合計	21,840,083		234

1.5 アラバマ・パラドックス

　最大剰余方式にはいろいろ奇妙な現象が生じる．例えば，議席総数を10議席とし，州の数を3とする．人口を順に532万人，333万人，135万人とする．総人口は1000万人なので，基準人数は100万人となる．各州の人口を100万で割ると，取り分が求まる．その値は順に，5.32，3.33，1.35となる．基本配分は順に5議席，3議席，1議席となり，9議席が配分される．残りの1議席は，取り分の小数部の最大値を持つ最後の州が獲得するので，最終の配分は，5議席，3議席，2議席となる．つぎに，議席総数を11議席に増加させてみる．この増加に応じて，取り分も1割アップする．すると，3州の新しい取り分は，順に，5.852，3.663，1.485となる．基本配分は5議席，3議席，1議席となり，2議席が配分されずに残る．取り分の小数部を比べると，最後の州を除く2州に，残余の2議席が与えられる．最終の配分は，6議席，4議席，1議席となる．これらの2つの配分結果を比べてみると，不思議な現象が発生している．3番目の最後の州は，議席総数が1増加したにも関わらず，受け取る議席数が減少している．配分のパイが大きくなったのに受け取り量が減少する．

　実際，1880年度の国勢調査結果に対し，議席を最大剰余方式で配分すると，この現象が現れた．議席総数を299にしたとき，アラバマ州には8議席が配分されるのに，議席総数を300に増加すると，同州に与えられる議席が7議席に減少してしまった．そのため，この奇妙な現象は「アラバマ・パラドックス」と呼ばれるようになった．

　似たような現象は，新しい州が連邦に加入したときにも生じる．先ほどの例で，人口90万人の新しい州が連邦に加入したとする．基準人数は100万人なので，この新しい州には1議席を与えるのが妥当である．すると，4州に与えられた議席は順に，5議席，3議席，2議席，1議席となる．しかしながら，合計11議席を4州のあいだで，最大剰余方式を用いて再配分してみると，変化が生じる．4州

の人口の総和は 1090 万人なので，各州の比例配分値，つまり，取り分を計算すると，

$$\frac{11 \times 532}{1090} = 5.369, \qquad \frac{11 \times 333}{1090} = 3.361,$$

$$\frac{11 \times 135}{1090} = 1.362, \qquad \frac{11 \times 90}{1090} = 0.908$$

となり，基本配分は 5 議席，3 議席，1 議席，0 議席となる．あと，2 議席が配分されていないが，これらは 4 番目の新しい州と，1 番目の州に与えられ，最終配分は，6 議席，3 議席，1 議席，1 議席となり，3 番目の州の受け取る議席数が，新しい州の加入により，2 から 1 に減少する．これを「新州加入パラドックス」と呼ぶ．

　最大剰余方式はさらに奇妙な現象を持っている．例えば，議席総数を 21 議席とし，州の数を 3 とする．人口を順に 1 万 2705 人，6900 人，1495 人とする．取り分は順に 12.645 議席，6.867 議席，1.488 議席となり，最大剰余方式による配分は順に 13 議席，7 議席，1 議席となる．つぎに，各州の人口を 1 万 4500 人，6905 人，1490 人に変化させてみると，取り分もそれに応じて変化し，順に 13.3，6.333，1.367 となる．だから，21 議席の配分は順に 13 議席，6 議席，2 議席となる．このとき，2 番目の州と 3 番目の州の人口変化は，単に 5 人が 3 番目の州から 2 番目の州に移動しただけである．一方，議席のほうは人口変化の前後で，1 議席が州 2 から州 3 に移動している．つまり，人口の減った州が人口の増加した州から 1 議席を奪っている．より一般的に言えば，人口が変化したとき，人口増加率の高い州から低い州に議席が移動する現象を「人口パラドックス」と呼んでいる．

　最大剰余方式にこのような現象の生じる原因は，追加議席の優先順位の定め方にある．この方式では，取り分の小数部の大小関係で優先順位を定めているため，議席総数や人口の少しの変化に対し，その順位が大きくランダムに変化する．

　アラバマ・パラドックスが発見された後も，最大剰余方式は使用され続けた．最大剰余方式が使われなくなったのは 1910 年度の国

勢調査結果からである．このとき，ウェブスター方式が使われるようになったが，これに大きく貢献したのがウィルコックス[7]であった．議会はアラバマ・パラドックスの発見後，最大剰余方式の使用にはうんざりしていた．そこで，アラバマ・パラドックスが発生しないウェブスター方式に戻りたかった．しかしながら当時は，すべての州に与える議席の総和が，希望する議席総数に一致するようにする除数の値を見つけることが難しかった．ウィルコックスがこの除数の値を定める方法を見つけたことが，彼の大きな貢献であった．

■ 1.6　ヒル方式

1910 年度の国勢調査結果に対して，ウェブスター方式が使用された．議席総数は 433 議席であった．明らかに，憲法違反であるが，1920 年度の国勢調査結果に対する議席の再配分は行われなかった．1840 年度を除き 1910 年度まで，議席総数は増加し続けた．理由は簡単で，議員にとって最重要なことのひとつは，州に与えられる議席数が減少しないことである．仮に，1920 年度の国勢調査結果に対してウェブスター方式を踏襲すると，議席の数が減少する州をださないようにするためには，議席総数として 483 議席が必要であった．1910 年度の国勢調査のあと，ニューメキシコ州とアリゾナ州が連邦に加入し，議席総数は 435 に増加していたので，そのためには新たに 48 議席の増加が必要であった．しかしながら，そのような議席の大幅増を世間は許してくれそうになかった．

さらに，議席配分方式の優劣に関して大きな衝突が発生した．従来のウェブスター方式を支持するグループと新たな配分方式であるヒル[8]方式を支持するグループによる，激しい論争が起こりだした．最終的にはヒル方式を支持するグループの完全勝利で終わった．そのため，1930 年度の国勢調査結果にはウェブスター方式が使われたものの，つぎの 1940 年度の国勢調査結果からは現在に至るまで，ヒル方式が使われている．

---

7)　Walter Willcox (1861–1964). アメリカ統計学会，アメリカ経済学会，国際統計協会の会長を歴任した．ウェブスター方式を強力に推奨した．その結果，20 世紀になると，ビントン方式からウェブスター方式に配分方式がかわった．しかし，ヒル方式を支持するハンティントンに論争で負け，やがて，配分方式はウェブスター方式からヒル方式にかわった．

8)　Joseph Hill (1860–1938). 統計学者．1921 年に，国勢調査局の副長官に就任．1911 年に，新しい配分方式（ヒル方式）を提案した．これは均等比方式，あるいは，ハンティントン・ヒル方式と呼ばれ，現在，アメリカ下院議員の議席配分で使用されている．

18　第1章　アメリカの議席配分の歴史

表 1.8　幾何平均値

n	1	2	5	10	50	100
$\sqrt{n(n+1)}$	1.414	2.449	5.477	10.488	50.498	100.499

　ヒル方式は，州の商の取り扱いが複雑である．商の整数部の議席を州に与えるところは以前と同じであるが，小数部の扱いが異なる．ジェファソン方式では小数部を無視し，ウェブスター方式では 0.5より大きい場合は 1 議席を追加したが，ヒル方式の場合はそう簡単ではなく，1 議席の追加が行われるかそうでないかは，つまり，商の小数部を切り上げるか切り捨てるかは，商の整数部の値に依存している．

　1940 年度の国勢調査結果に対し，除数を 30 万 700 に選ぶ．最大の人口を持つニューヨーク州の人口は 1347 万 9142 人であり，同州の商は，

$$13479142 \div 300700 = 44.826$$

となる．この 44.826 の小数部 .826 を切り上げて 45 議席を同州に与えるか，切り捨てて 44 議席を同州に与えるかどうかはつぎの判定による．ここで，44.826 の整数部の 44 とそのつぎの整数 45 の幾何平均，言い換えれば，これら連続する 2 整数 44 と 45 の積の正の平方根，

$$\sqrt{44 \times 45} = \sqrt{1980} = 44.497$$

を考える．ニューヨーク州の商がこの幾何平均値 44.497 を超えていれば，同州には 45 議席が与えられる．そうでなければ，44 議席が与えられる．実際，同州の商は 44.826 であり，幾何平均値 44.497 より大きいので，同州には 45 議席が与えられる．

　異なる 2 つの正の数の幾何平均値は算術平均値より小さいので，つまり，$a > 0$, $b > 0$, $a \neq b$ に対し，$\sqrt{ab} < (a+b)/2$ となるので，連続する正の整数 n と $n+1$ に対して，$\sqrt{n(n+1)} < n + 0.5$ の関係が成り立つ．よって，ヒル方式の場合，ウェブスター方式よりも小さな商の値で切り上げの操作が行われる．いくつかの n の値に対

し，幾何平均 $\sqrt{n(n+1)}$ の値を示す．n の値が大きくなると，幾何平均値は算術平均値に近づく（表 1.8）．1940 年度の国勢調査結果にヒル方式を用いた結果を表 1.9 に示す．

20 第1章 アメリカの議席配分の歴史

表 1.9 1940 年度の各州の人口と議席数，除数 30 万 700 のヒル方式

州　名	人　口	商	幾何平均	議席数
ニューヨーク	13,479,142	44.826	44.497	45
ペンシルベニア	9,900,180	32.924	32.496	33
イリノイ	7,897,241	26.263	26.495	26
オハイオ	6,907,612	22.972	22.494	23
カリフォルニア	6,907,387	22.971	22.494	23
テキサス	6,414,824	21.333	21.494	21
ミシガン	5,256,106	17.480	17.493	17
マサチューセッツ	4,316,721	14.356	14.491	14
ニュージャージー	4,160,165	13.835	13.491	14
ミズーリ	3,784,664	12.586	12.490	13
ノースカロライナ	3,571,623	11.878	11.489	12
インディアナ	3,427,796	11.399	11.489	11
ウィスコンシン	3,137,587	10.434	10.488	10
ジョージア	3,123,723	10.388	10.488	10
テネシー	2,915,841	9.697	9.487	10
ケンタッキー	2,845,627	9.463	9.487	9
アラバマ	2,832,961	9.421	9.487	9
ミネソタ	2,792,300	9.286	9.487	9
バージニア	2,677,773	8.905	8.485	9
アイオワ	2,538,268	8.441	8.485	8
ルイジアナ	2,363,880	7.861	7.483	8
オクラホマ	2,336,434	7.770	7.483	8
ミシシッピ	2,183,796	7.262	7.483	7
アーカンソー	1,949,387	6.483	6.481	7
ウェストバージニア	1,901,974	6.325	6.481	6
サウスカロライナ	1,899,804	6.318	6.481	6
フロリダ	1,897,414	6.310	6.481	6
メリーランド	1,821,244	6.057	6.481	6
カンザス	1,801,028	5.989	5.477	6
ワシントン	1,736,191	5.774	5.477	6
コネティカット	1,709,242	5.684	5.477	6
ネブラスカ	1,315,834	4.376	4.472	4
コロラド	1,123,296	3.736	3.464	4
オレゴン	1,089,684	3.624	3.464	4
メイン	847,226	2.818	2.449	3
ロードアイランド	713,346	2.372	2.449	2
サウスダコタ	642,961	2.138	2.449	2
ノースダコタ	641,935	2.135	2.449	2
モンタナ	559,456	1.861	1.414	2
ユタ	550,310	1.830	1.414	2
ニューメキシコ	531,818	1.769	1.414	2
アイダホ	524,873	1.746	1.414	2
アリゾナ	499,261	1.660	1.414	2
ニューハンプシャー	491,524	1.635	1.414	2
バーモント	359,231	1.195	1.414	1
デラウェア	266,505	0.886		1
ワイオミング	250,742	0.834		1
ネバダ	110,247	0.367		1
合計	131,006,184			435

1.6 ヒル方式 | 21

15州成立（1792年当時）

24州成立（1821年当時）

図 1.2 アメリカ合衆国の州成立の変遷—その 1[※)]

※) 図 1.1 の傍注を参照．

22　第 1 章　アメリカの議席配分の歴史

26州成立（1837年当時）

31州成立（1850年当時）

図 1.2　アメリカ合衆国の州成立の変遷—その 2

1.6 ヒル方式 | 23

48州成立（1912年当時）

50州成立（1959年当時）

図 1.2 アメリカ合衆国の州成立の変遷—その 3

第2章

除数方式

2.1 除数方式とは

アラバマ・パラドックスや人口パラドックスを受け入れる最大剰余方式などは，議席を人口に比例して配分するという概念に反している．そこで，配分方式はこれらのパラドックスを受け入れない方式に限定すべきと考えられている．ここでは，これらのパラドックスを受け入れない配分方式として知られる「除数方式」と呼ばれる配分方式を考えてみる．

除数方式とは1つの配分方式ではなく，無数の配分方式を含む配分方式のクラスである．このクラスにはジェファソン方式やウェブスター方式，あるいは，ヒル方式などが含まれている．各除数方式には，それに対応する丸め関数 $d(n)$ が定義されている．関数 $d(n)$ は各整数 $n \geq 0$ に対して定義され，$d(0) = 0$ とし，1以上の整数 n に対して，$n \leq d(n) \leq n+1$ を満たす．さらに，狭義増加となっている．すなわち，$d(0) < d(1) < d(2) < \ldots$ が成り立つ．

この丸め関数 $d(n)$ を使って，各州の商の値を整数に丸める．州 i の人口を p_i とし，すべての州に共通の除数 $\lambda > 0$ を考える．このとき，州 i の商は p_i/λ であり，$d(n-1) < p_i/\lambda < d(n)$ を満たす1以上の整数 n に対し，州 i に n 議席を与える．例えば，$d(n) = n+1$ と定義すると，商が $n < p_i/\lambda < n+1$ のとき，n 議席が与えられるので，つまり，商の小数点以下の端数が切り捨てられるので，この除数方式はジェファソン方式になる．もし，$d(n) = n+0.5$ とすれば，商が $n-0.5 < p_i/\lambda < n+0.5$ のとき，n 議席が与えら

表 2.1 いくつかの除数方式，$d(0) = 0$, n は 1 以上の整数

$d(n)$	n	$2n(n+1)/(2n+1)$	$\sqrt{n(n+1)}$	$n + 0.5$	$n + 1$
配分方式	アダムズ	ディーン	ヒル	ウェブスター	ジェファソン

れ，端数が四捨五入され整数に丸められるので，この除数方式はウェブスター方式になる．さらに，$d(n) = \sqrt{n(n+1)}$ とすれば，商が $\sqrt{n(n-1)} < p_i/\lambda < \sqrt{n(n+1)}$ のとき，n 議席が与えられるので，ヒル方式が導かれる．

丸め関数として，2 整数 n と $n+1$ のさまざまな平均値を利用すれば，さまざまな除数方式が定義できる．例えば，調和平均を利用して，$d(n) = 2n(n+1)/(2n+1)$ と定義すれば，ディーン方式と呼ばれる配分方式が得られる．既に述べたが，算術平均 $d(n) = n + 0.5$ はウェブスター方式，幾何平均 $d(n) = \sqrt{n(n+1)}$ ならヒル方式を導く．平均ではないが，$d(n) = n$ とすれば，アダムズ[1]方式と呼ばれる除数方式が導かれる（表 2.1）．すべての除数方式の丸め関数 $d(0)$ の値は 0 なので，以下では $d(0) = 0$ は，特に必要な場合を除き，明示しないことにし，丸め関数 $d(n)$ は 1 以上の整数 n に対して定義しているような記述や表記を用いる．丸め関数 $d(n)$ を持つ除数方式を「配分方式 $d(n)$」と呼ぶ．

アメリカの憲法では，下院議員の数は人口 3 万人につき 1 名の割合を超えないことと定められているが，現在ではもはや意味を成さないようになっている．既にアメリカの総人口は 3 億人を超えており，これを議席の総数 435 で割り算をすると，70 万人ぐらいになる．つまり，70 万人につき 1 名の割合となっている．わが国にもこのような規定は存在せず，以下ではこの規定を無視する．

---

[1] John Quincy Adams (1767–1848). 第 6 代アメリカ合衆国大統領（任期は 1825 年 3 月から 1829 年 3 月まで）．父親は第 2 代アメリカ合衆国大統領．大統領退任後は長年マサチューセッツ州選出の連邦下院議員を務めた．彼が配分方式（アダムズ方式）を考えたのはこの時期であり，この配分方式を友人のウェブスターに提案したが，気に入ってもらえなかった．

2.2 同順位の議席配分

すべての州に共通に使う除数 λ の値は正の実数であるが，慣例的には，正の整数が選ばれる．これの意味は，人口 λ 人につき 1 議席

を配分することである．各除数方式では，除数の値を定めると，それぞれの州に与える議席数が決定されて，それらの和が議席の総数となる．アメリカの下院議員の議席の総数は1910年代に435議席に到達してからは，その数に固定されている．わが国も含め，現代では多くの国々で議席の総数が固定されている．しかし，各除数方式でその固定された議席総数を実現する除数の値を見つけることは，特に，計算機のない時代は簡単ではなかった．もちろん，現代では計算の労力に関しては何の問題もないが，計算の理論面では，全く問題がないわけでもない．そのことを簡単な数値例を用いて説明する．

議席の総数を8議席に固定する．州の数を3として，州の人口を順に4万人，3万人，2万人とする．配分方式としてジェファソン方式を考えてみる．除数を9999と設定すると，3州の商は順に，

$$40000 \div 9999 = 4.0004, \quad 30000 \div 9999 = 3.0003,$$

$$20000 \div 9999 = 2.0002$$

となる．これらの州に，それぞれ，4議席，3議席，2議席を与えるならば，9議席が必要であり，1議席が不足する．つぎに，除数を1万1に変更すると，3州の商は順に，

$$40000 \div 10001 = 3.9996, \quad 30000 \div 10001 = 2.9997,$$

$$20000 \div 10001 = 1.9998$$

となり，これらの州に，それぞれ，3議席，2議席，1議席が与えられる．与えられた議席の合計は6議席であり，2議席が配分されずに余る．除数は整数である必要はないので，除数を1万よりわずかに小さい数値に選んでも，1万よりわずかに大きい数値に選んでも，上記の配分される議席数は変化しない．もし，除数をちょうど1万にすると，3州の商は4，3，2となる．これらをそのまま州に与える議席数とすれば，1議席が不足する．議席総数が8に固定されている場合を処理するには少し工夫が必要となる．

すなわち，商の値 p_i/λ がちょうど丸め関数の値 $d(n)$ に等しい場合は，州に配分される議席数を n または $n+1$ と自由度を持たせる必要がある．上記のジェファソン方式の場合，$d(n) = n+1$ なので，商の値がちょうど4であれば，配分議席数は3または4議席，商が3であれば，配分議席数は2または3議席，商が2であれば，配分議席は1または2議席とする．このように自由度を持たせると，8議席の配分はつぎの3通りが考えられる．すなわち，(1) 3議席，3議席，2議席，(2) 4議席，2議席，2議席，(3) 4議席，3議席，1議席の3通りが8議席の配分となる．このように同一配分問題に対し，解としての配分が複数ある場合，これらの配分は「同順位」と言う．これらの同順位の議席配分はどれも同等にジェファソン方式による配分と認められている．

同順位の配分を区別したい場合があるかもしれないので，少し考察しておく．上記の3つの配分に対し，各州の選挙区サイズを考えてみる．最初の配分 (1) では，選挙区サイズは順に1万3333人，1万人，1万人，(2) では，1万人，1万5000人，1万人，(3) の配分では1万人，1万人，2万人となる．それぞれの配分の選挙区サイズの最大値と最小値の比，すなわち，わが国でいう1票の価値の最大格差は (1) で1.333倍，(2) で1.5倍，(3) で2倍となっており，(1) の配分，3議席，3議席，2議席が一番良さそうである．

現実には，同順位の議席配分は発生しそうにないので，無視しても構わない．話を簡単化するため，以下では，特に断りのない場合，各配分方式の与える議席配分はただ1つと仮定する．つまり，同順位の配分は発生しないと仮定する．

■ 2.3 スライド法

州の数 s，人口ベクトル $(p_1, \ldots, p_s)$ が与えられたとする．丸め関数 $d(n)$ を持つ除数方式と除数 λ を考える．いま，各州 i の商 p_i/λ が不等式，

$$d(a_i - 1) < p_i/\lambda < d(a_i)$$

を満たす正の整数 a_i を持つとする．この不等式は $a_i \geq 2$ ならば，

$$p_i/d(a_i) < \lambda < p_i/d(a_i - 1)$$

と書き直せ，$a_i = 1$ ならば $\lambda > p_i/d(a_i)$ と書ける．いま，州全体の集合を $S = \{1, \ldots, s\}$ とし，a_i の値が 2 以上の州の集合 $T = \{i \mid a_i \geq 2,\ i \in S\}$ を定義すると，任意の州 $i \in S$ と任意の州 $j \in T$ に対し，

$$p_i/d(a_i) < \lambda < p_j/d(a_j - 1)$$

が成り立つ．もしくは，この不等式は，

$$\max_{i \in S} p_i/d(a_i) < \lambda < \min_{j \in T} p_j/d(a_j - 1) \tag{2.1}$$

とも表現できる．この不等式 (2.1) は，人口 $(p_1, \ldots, p_s)$，丸め関数 $d(n)$，除数 λ，配分 $(a_1, \ldots, a_s)$，これらの間の関係を記述している．この不等式 (2.1) から，除数 λ を消去した不等式，

$$\max_{i \in S} p_i/d(a_i) < \min_{j \in T} p_j/d(a_j - 1)$$

を配分方式 $d(n)$ の「ハンティントン[2]の不等式」と呼ぶ．このとき，つぎの定理が得られる．

定理 1. 人口を $(p_1, \ldots, p_s)$ とする．配分方式 $d(n)$ が配分 $(a_1, \ldots, a_s)$ を与えるならば，ハンティントンの不等式：

$$\max_{i \in S} p_i/d(a_i) < \min_{j \in T} p_j/d(a_j - 1)$$

が成り立ち，逆に，丸め関数 $d(n)$ と配分 $(a_1, \ldots, a_s)$ がこのハンティントンの不等式を満たすならば，$(a_1, \ldots, a_s)$ は配分方式 $d(n)$ の配分となっている．ここで，$S = \{1, \ldots, s\}$，$T = \{j \mid a_j \geq 2,\ j \in S\}$ である．

さらに，不等式 (2.1) はつぎのことを意味している．すなわち，配

2) Edward Huntington (1874–1952). アメリカ数学協会の会長を歴任した．彼はヒル方式を最善の配分方式と考えた．議席配分に関する彼の論文は非常に読みやすく，また，議会での証言にも長けていた．そのため，彼の理論は多くの人々に受け入れられ，最終的に，ヒル方式が現在まで使われることになった．

30 | 第 2 章 除数方式

分方式 $d(n)$ の配分を定める除数 λ の値は，この範囲内であれば，値を変更しても配分方式 $d(n)$ の配分は変化しない．つまり，同一の配分を与える除数 λ の値にはある程度の範囲が許されている．このことを，1790 年度の議席配分の例で確かめてみる．配分結果は除数を $\lambda = 33000$ にして，ジェファソン方式で得られている．同方式の丸め関数は $d(n) = n + 1$ である．

表 2.2 より，州全体の集合は $S = \{1, \ldots, 15\}$，2 議席以上を受け取る州の集合は $T = \{1, \ldots, 14\}$ であり，$p_i/d(a_i) = p_i/(a_i+1)$ $(i \in S)$ の最大値はノースカロライナ州 $i = 4$ で実現し，その値は 32138.45 である．一方，$p_i/d(a_i - 1) = p_i/a_i$ $(i \in T)$ の最小値はニューヨーク州 $i = 5$ で実現し，その値は 33158.90 である．このことから，現実には除数 3 万 3000 を用いて，議席配分が行われたが，除数 λ として $32138.45 < \lambda < 33158.90$ を満たす数値であれば，同じ配分の結果が得られたはずである．

表 2.2 1790 年度，州人口 p_i，議席数 a_i，丸め関数 $d(n) = n + 1$

州 名	i	p_i	a_i	$p_i/d(a_i)$	$p_i/d(a_i - 1)$
バージニア	1	630,560	19	31528.00	33187.37
マサチューセッツ	2	475,327	14	31688.47	33951.93
ペンシルベニア	3	432,879	13	30919.93	33298.38
ノースカロライナ	4	353,523	10	32138.45	35352.30
ニューヨーク	5	331,589	10	30144.45	33158.90
メリーランド	6	278,514	8	30946.00	34814.25
コネティカット	7	236,841	7	29605.13	33834.43
サウスカロライナ	8	206,236	6	29462.29	34372.67
ニュージャージー	9	179,570	5	29928.33	35914.00
ニューハンプシャー	10	141,822	4	28364.40	35455.50
バーモント	11	85,533	2	28511.00	42766.50
ジョージア	12	70,835	2	23611.67	35417.50
ケンタッキー	13	68,705	2	22901.67	34352.50
ロードアイランド	14	68,446	2	22815.33	34223.00
デラウェア	15	55,540	1	27770.00	該当せず
		計	計	最大値	最小値
		3,615,920	105	32138.45	33158.90

以上のことから，除数の値を定めると，各配分方式の配分結果が得られ，その議席総数も判明する．さらに，同一の配分結果を導く，除数の範囲も判明する．しかしながら，当初希望していた議席総数が得られない場合，新たな除数の値を設定しなければならない．例えば，1790年度の実際の議席配分では，議席の総数が105議席となっているが，同じジェファソン方式を使うとして，仮に議席総数を100にしたい場合を考える．つまり，以前の105議席より少し小さな値を希望するわけで，そのためには除数の値を少し大きくする．実際に，除数を3万3500，3万4000，3万4500に設定した場合を調べてみる（表2.3）．偶然ではあるが，除数が3万4000で，ちょうど，議席総数が100となっている．一般的には，試行錯誤により，希望する議席総数の配分が得られる．ただし，除数を大きくすると，議席総数は減少するので，適当な計算ソフトを利用すれば，希望する議席総数の配分を得ることはそう困難ではない．このように除数の値をスライドさせることにより，希望する議席総数の配分を得る方法を「スライド法」と呼ぶ．

表 2.3 1790年度，3つの異なる除数のジェファソン方式

州 名	人 口	33,500	34,000	34,500
バージニア	630,560	18	18	18
マサチューセッツ	475,327	14	13	13
ペンシルベニア	432,879	12	12	12
ノースカロライナ	353,523	10	10	10
ニューヨーク	331,589	9	9	9
メリーランド	278,514	8	8	8
コネティカット	236,841	7	6	6
サウスカロライナ	206,236	6	6	5
ニュージャージー	179,570	5	5	5
ニューハンプシャー	141,822	4	4	4
バーモント	85,533	2	2	2
ジョージア	70,835	2	2	2
ケンタッキー	68,705	2	2	1
ロードアイランド	68,446	2	2	1
デラウェア	55,540	1	1	1
合計	3,615,920	102	100	97

32 | 第 2 章　除数方式

■ 2.4　ランク法

3) 増加関数 $f(x)$ に対して，つねに，$a < b$ であれば $f(a) < f(b)$ となる場合，$f(x)$ を狭義増加関数と言う．

希望する議席総数の配分を見つける方法としてはランク法と呼ばれるものが知られている．希望する議席総数を h とする．丸め関数 $d(n)$ は n の狭義増加関数[3]なので，$p_i/d(n)$ は n に関して狭義減少となる．ここで，十分大きな整数 N に対して，つぎの数字のグループ，

$$\frac{p_1}{d(1)}, \ldots, \frac{p_1}{d(N)}, \frac{p_2}{d(1)}, \ldots, \frac{p_2}{d(N)}, \ldots, \frac{p_s}{d(1)}, \ldots, \frac{p_s}{d(N)}$$

を考えてみる．このグループに属する数字は全部で sN 個あり，これら sN 個の数字をランク指数と呼ぶ．簡単のため，これらの数字はすべて異なるとして，大きいもの順に，これらのランク指数に通し番号（ランク順位）を与える．ただし，ランク順位は 1 位からでなく $s+1$ 位からとする．つぎに，ランク $s+1$ 位からランク h 位に議席を 1 つずつ割り振る．言い換えれば，これらの $h - s$ 議席にはすべて異なるランク順位とランク指数が付随する．残りの s 議席はすべてランク 1 位と定義する．ランク 1 位とは，各州に 1 議席を保障することを意味する．ランク 1 位に対応するランク指数は存在せず，ランク 2 位からランク s 位は使用しない．

ランク 1 位の s 議席はすべての州に 1 議席ずつ（1 番目に）配分され，残りの各議席にはランク順位とランク指数の両方がついているが，ランク指数 $p_i/d(n)$ は，その議席が州 i に $n+1$ 番目に配分される議席と解釈する．このように議席にランク順位を付して配分する方法を「ランク法」と呼ぶ．

例として，1790 年度の人口に対し，ジェファソン方式を使ってみる．15 州の人口を，それぞれ，丸め関数 $d(n) = n + 1$（$n \geq 1$）の値で割った数値（ランク指数）を調べ，それらを大きい順に並べてみる．ランク 16 位に対応する，ランク指数の最大値はバージニア州で実現し，その値は同州の人口 63 万 560 人を丸め関数値 $d(1) = 2$ で割った値 315280 になる．つぎのランク 17 位，つまり，ランク指数の 2 番目に大きい値はマサチューセッツ州で実現し，そのランク

指数の値は同州の人口 47 万 5327 人を丸め関数 $d(1) = 2$ で割った値 237663.5 になる．以下同様の計算をすると表 2.4 が得られる．

この表 2.4 のように，各議席には順にランク順位が振られ，また，その議席がどの州に与えられるかが決められる．ランク順位が 1 位

表 2.4 1790 年度，ジェファソン方式，ランク順位，ランク指数，対応する州

ランク順位	ランク指数	州名（出現回数）
16	315280.00	バージニア (2)
17	237663.50	マサチューセッツ (2)
18	216439.50	ペンシルベニア (2)
19	210186.67	バージニア (3)
20	176761.50	ノースカロライナ (2)
21	165794.50	ニューヨーク (2)
22	158442.33	マサチューセッツ (3)
23	157640.00	バージニア (4)
24	144293.00	ペンシルベニア (3)
25	139257.00	メリーランド (2)
26	126112.00	バージニア (5)
27	118831.75	マサチューセッツ (4)
28	118420.50	コネティカット (2)
29	117841.00	ノースカロライナ (3)
⋮		
97	34814.25	メリーランド (8)
98	34372.67	サウスカロライナ (6)
99	34352.50	ケンタッキー (2)
100	34223.00	ロードアイランド (2)
101	33951.93	マサチューセッツ (14)
102	33834.43	コネティカット (7)
103	33298.38	ペンシルベニア (13)
104	33187.37	バージニア (19)
105	33158.90	ニューヨーク (10)
106	32138.45	ノースカロライナ (11)
107	31688.47	マサチューセッツ (15)
108	31528.00	バージニア (20)
109	30946.00	メリーランド (9)
110	30919.93	ペンシルベニア (14)

の 15 議席は 15 州に 1 議席ずつ与えられるが，ランク 16 位の議席はバージニア州のものであり，17 位の議席はマサチューセッツ州のものになる．ランク 18 位の議席はペンシルベニア州のものであり，19 位の議席は再度バージニア州のものとなる．バージニア州としては 3 番目の議席である．同様に，100 位の議席はロードアイランド州のものになる．

したがって，希望する議席総数を 100 にした場合の議席配分はつぎのようにして決まる．ランク 1 位の 15 州の名前をコールし，その後，16 位から 100 位までの州名をコールする．すると，各州に配分される議席数はその州名がコールされた回数に等しくなる．このようにして，希望の議席総数の配分を得ることができる．

実際には，1790 年度の国勢調査結果に対し，105 議席が配分されたが，その配分は 100 議席の配分に 5 議席を追加すればよい．具体的には，ランク 101 位の議席はマサチューセッツ州のものであり，102位はコネティカット州，103 位はペンシルベニア州，104 位はバージニア州，105 位はニューヨーク州のものである（表 2.4）．すなわち，105 議席の配分は 100 議席の配分に，バージニア州，マサチューセッツ州，ペンシルベニア州，ニューヨーク州，コネティカット州の 5 州に 1 議席ずつを追加したものとなっている（表 2.2 と表 2.3 を比較）．

上記の説明で，出てきた十分大きな整数 N は実のところ必要ではない．具体的なランク法はつぎのように書ける．最初，すべての州に 1 議席を配分する．つまり，$a_1 = \cdots = a_s = 1$ とする．つぎに，s 個のランク指数 $p_1/d(a_1), \ldots, p_s/d(a_s)$ を調べ，最大のランク指数を持つ州を 1 つ選択する．その州が k であれば，a_k の値のみ 1 増加し，この州のランク指数を改定する．再度，s 個のランク指数を調べ最大値を与える州を見つけ，その州に 1 議席を追加し，その州のランク指数を改定する．この手続きをすべての議席が配分されるまで，つまり，$\sum_{i=1}^{s} a_i = h$ となるまで繰り返せばよい．

2.5 スライド法とランク法

　本質的に，ランク法とスライド法は同じものである．1790 年度の例で説明する．希望する議席の総数を 100 議席とする．表 2.4 よりランク 100 位の議席はロードアイランド州のものであり，そのランク指数は同州の人口 6 万 8446 人の半分の 3 万 4223 である．表 2.4 より，ロードアイランド州の受け取った議席は 2 議席である（ランク 1 位と 100 位の 2 議席）．いま，配分方式はジェファソン方式を使用しているので，$d(n) = n + 1$ となっている．このとき，ロードアイランド州のランク指数は，

$$34223 = 68446 \div 2 = 68446 \div d(2 - 1)$$

と考えられる．例えば，これよりランク順位の上位，98 位の議席はサウスカロライナ州のものである．同州の人口は 20 万 6236 人で，6 議席（ランク 1 位，33 位，49 位，64 位，81 位，98 位）が与えられており，ランク指数は 34372.67 となっている．このとき，

$$34372.67 = 206236 \div 6 = 206236 \div d(6 - 1)$$

となる．ランク指数は順位が上位の議席のほうが大きいので，34372.67 > 34223 であり，これを書き直すと，$206236 \div d(6 - 1) > 68446 \div d(2 - 1)$ となっている．ランク順位が 16 位から 99 位の議席を受け取る州は 2 議席以上を受け取っているので，それらの州を j と一般化して書くと，$p_j / d(a_j - 1) > 34223$ の関係が成り立っている．ここで，a_j は $h = 100$ のとき，ジェファソン方式により州 j に与えられた議席数である．

　一方，ランク 101 位の議席はマサチューセッツ州のものである．表 2.4 より，この議席は同州には 14 回目の出現となる．同州の人口は 47 万 5427 人であり，このときのランク指数は 33951.93 である．これは $33951.93 = 475427 \div 14 = 475427 \div d(13)$ より求められている．これより下位のランク順位 102 位の議席はコネティカット

州のものであり，ランク指数は 33834.43 となっている．同州の人口は 23 万 6841 人であり，6 議席（ランク 1 位，28 位，42 位，56 位，70 位，84 位）が配分されている．このとき，同州のランク指数は $33834.43 = 236841 \div 7 = 236841 \div d(6)$ となっている．これはランク 101 位のランク指数より小さい $33834.43 < 33951.93$．ランク 101 位より下には，理論的にはランク h 位を超えていくらでも下位のランク順位が存在するので，つまり，すべての州が 101 位より下に出現するので，すべての州 i に対して，$p_i/d(a_i) < 33951.93$ の関係が成り立つ．ここで，a_i は $h = 100$ のとき，ジェファソン方式により州 i に与えられた議席数である．

だから，除数 λ の値を $33951.93 < \lambda < 34223$ とすれば，100 議席のジェファソン方式による配分が得られる．ここで，表 2.4 のランク順位 100 位のランク指数が 34223 で，ランク 101 位のランク指数が 33951.93 であることに注意すると，$h = 100$ の配分ベクトル $(a_1, \ldots, a_s)$ に対して，式 (2.1) の不等式，

$$\max_{i \in S} p_i/d(a_i) < \lambda < \min_{j \in T} p_j/d(a_j - 1)$$

が成り立っていることが確認できる．ここで，$S = \{1, \ldots, s\}$，$T = \{j \mid a_j \geq 2, j \in S\}$ である．

以上のことから，スライド法では，希望する議席総数 h の配分を見つけるために，それを実現する除数の値を試行錯誤で探すが，その探している値は，ランク法のランク順位が h 位のランク指数と $h+1$ 位のランク指数の間にあることが分かる．

■ 2.6 除数方式の 2 つの特徴づけ

除数方式の基本的な性質として，アラバマ・パラドックスや人口パラドックスを避けることが挙げられる．そのため，この性質に基づく特徴づけがよく知られている．しかしながら，それとは異なる特徴づけも存在している．ここでは，これら 2 つの特徴づけを考えてみる．

最初に，配分方式が備えておくべき，つぎの 5 つの性質を考える．特に，最初の 3 つの性質は極めて基本的な性質で，2 番目の特徴づけでも仮定される．ここも簡単のため，同順位の配分は考えない．ある配分方式 M を考える．

(1) 対称性 人口ベクトル $(p_1, \ldots, p_s)$，議席総数 h に対して，配分方式 M が配分ベクトル $(a_1, \ldots, a_s)$ を定めるとき，州 i と j の人口 p_i と p_j を入れ替えた人口ベクトルに対し，州 i と j の議席数 a_i と a_j を入れ替えた配分ベクトルが配分方式 M の定める配分となる．

(2) 弱比例性 取り分 $q_i = hp_i/\pi$ がすべて正の整数ならば，配分方式 M の定める配分は $(q_1, \ldots, q_s)$ となる．

(3) 同次性 任意の $t > 0$ について，人口ベクトル $(p_1, \ldots, p_s)$ を $(tp_1, \ldots, tp_s)$ に取り換えても配分方式 M は同一配分を与える．

(4) 一様性 配分方式 M が配分 $(a_1, \ldots, a_s)$ を定めるとき，$2 \leq n \leq s-1$ を満たす各整数 n に対して，人口ベクトルを $(p_1, \ldots, p_n)$，議席総数を $h = \sum_{k=1}^{n} a_k$ とする議席配分問題に対して，配分方式 M は配分ベクトル $(a_1, \ldots, a_n)$ を与える．

(5) 弱人口単調性 配分方式 M が配分 $(a_1, \ldots, a_s)$ を定めるとき，$p_i < p_j$ ならば $a_i \leq a_j$ となっている．

(1) の対称性は，議席配分が州の人口ベクトル $(p_1, \ldots, p_s)$ と議席総数 h にのみ依存して決まることを要求している．(2) の弱比例性は，現実的ではないが，本当に人口に比例する議席配分が存在するならば，それを配分とすべきことを要求している．(3) の同次性は，例えば，すべての州の人口が 10 倍になっても，議席配分の結果は変わらないことを述べている．(4) の一様性は，当然の要求であるが，かなり配分方式を限定している．一般に，全体で公正な配分をしているならば，その一部分でも公正に配分しているはずである．州全体 $S = \{1, \ldots, s\}$ にわたり，配分方式 M が配分 $(a_1, \ldots, a_s)$ を与え

るならば，全体の一部分 $E \subset S$ 上でも，配分すべき議席の総数を $\sum_{i \in E} a_i$（これは定数となっていることに注意）としたとき，配分方式 M は E 上では以前と同じ配分 (a_i) $(i \in E)$ を与えるべきである．このときの配分の決定には，その一部分に属さない州の人口や議席数には無関係に決まっていることに注意すべきである．(5) の弱人口単調性も当然の要求である．昔，わが国では人口の少ないほうの選挙区に人口の多いほうの選挙区よりも多くの議席を与える「逆転現象」が問題となっていた．

　配分方式 M がこれらの 5 つの性質を満たすとき，M は除数方式になることが知られている．また，除数方式はランク法で議席配分を決めていることから，同方式がこれら 5 つの性質を満たすことは明らかであろう．

　つぎは，オーソドックスな特徴づけである．アラバマ・パラドックスでは，州の数と人口は変化せず，議席総数のみが変化する．新州加入パラドックスは新しい州の人口とその州に与えられる議席数のみが追加される．人口パラドックスは州人口のみが変化する．しかしながら，実際には，変化が同時に発生する．すなわち，いくつかの州が加入し，州の人口も変化する．さらに，議席総数も変化する．その結果，複合的なパラドックスが発生する可能性がでてくる．そこで，これらの変化に対処するために配分方式の人口単調性が定義されている．いま，2 つの議席配分問題を考える．1 つ目は，州の数を s，人口を $(p_1, \ldots, p_s)$，議席総数を h とする．2 つ目は，州の数を t，人口を $(P_1, \ldots, P_t)$，議席総数を H とする．配分方式 M はそれぞれの問題に対し，議席配分 $(a_1, \ldots, a_s)$ と $(A_1, \ldots, A_t)$ を与える．同順位の配分は考えないものとする．いま，任意の 4 州 $i, j \in \{1, \ldots, s\}$ および $k, \ell \in \{1, \ldots, t\}$ を考える．このとき，

$$\frac{P_k}{P_\ell} \geq \frac{p_i}{p_j} \quad \text{ならば} \quad A_k \geq a_i \quad \text{または} \quad A_\ell \leq a_j$$

となるとき，配分方式のこの性質を「人口単調性」と呼ぶ．州人口の相対的な変化に逆らうように議席は移動すべきでない．

2.6 除数方式の2つの特徴づけ | 39

アラバマ・パラドックスや人口パラドックスは文献により，その定義が異なっている．特に，人口パラドックスの定義は大きく異なっている．その意味で，この人口単調性を定義すると便利である．ここで，この人口単調性を利用して，1.5節の3タイプのパラドックスを振り返ってみる．人口単調性を満たさないとは，$P_k/P_\ell \geq p_i/p_j$，かつ，$A_k < a_i$，かつ，$A_\ell > a_j$ を満たす4州 $i,j \in \{1,\ldots,s\}$ および $k,\ell \in \{1,\ldots,t\}$ が存在することである．

【アラバマ・パラドックス】 1.5節の例では，州の数 $s = t = 3$，議席総数 $h = 10$，$H = 11$，人口[4] $(p_1,p_2,p_3) = (P_1,P_2,P_3) = (532,333,135)$，議席配分 $(a_1,a_2,a_3) = (5,3,2)$，$(A_1,A_2,A_3) = (6,4,1)$ であった．明らかに，$P_3/P_2 = p_3/p_2$，$A_3 < a_3$，$A_2 > a_2$ が成り立つので人口単調性が成り立たない．

4) 人口1万人を1単位とする．

【新州加入パラドックス】 1.5節の例では，州の数 $s = 3$，$t = 4$，議席総数 $h = 10$，$H = 11$，人口 $(p_1,p_2,p_3) = (532,333,135)$，$(P_1,P_2,P_3,P_4) = (532,333,135,90)$，議席配分 $(a_1,a_2,a_3) = (5,3,2)$，$(A_1,A_2,A_3,A_4) = (6,3,1,1)$ であった．$P_3/P_1 = p_3/p_1$，$A_3 < a_3$，$A_1 > a_1$ が成り立つので人口単調性が成り立たない．

【人口パラドックス】 1.5節の例では，州の数 $s = t = 3$，議席総数 $h = H = 21$，人口 $(p_1,p_2,p_3) = (12705,6900,1495)$，$(P_1,P_2,P_3) = (14500,6905,1490)$，議席配分 $(a_1,a_2,a_3) = (13,7,1)$，$(A_1,A_2,A_3) = (13,6,2)$ であった．$P_2/P_3 = 6905/1490 = 4.634 > p_2/p_3 = 6900/1495 = 4.615$，$A_2 < a_2$，$A_3 > a_3$ が成り立つので人口単調性が成り立たない．

対称性，弱比例性，同次性に加えて，人口単調性を満たす配分方式は除数方式だけであることが知られている．だから，人口単調性は一様性と弱人口単調性を合わせた性質に対応している．

40 | 第2章 除数方式

▍ 2.7 最適化による議席配分

希望する議席総数 h の s 州間での議席配分は最適化問題を解くことによっても得ることができる. 配分を表す変数ベクトル $(x_1, \ldots, x_s)$ の各要素は 1 以上の整数で, 関係式 $\sum_{k=1}^{s} x_k = h$ を満たす. 総人口を $\pi = \sum_{k=1}^{s} p_k$ とする.

最初に, 関数,

$$\sum_{k=1}^{s} p_k \left(\frac{x_k}{p_k} - \frac{h}{\pi} \right)^2$$

を考える. これを最小にする配分ベクトルはウェブスター方式の配分となる. $\sum p_k = \pi$ と $\sum x_k = h$ に注意して, この式を変形すると,

$$\sum_{k=1}^{s} p_k \left(\frac{x_k}{p_k} - \frac{h}{\pi} \right)^2 = \sum_{k=1}^{s} \frac{x_k^2}{p_k} - 2\frac{h}{\pi} \sum_{k=1}^{s} x_k + \frac{h^2}{\pi^2} \sum_{k=1}^{s} p_k = \sum_{k=1}^{s} \frac{x_k^2}{p_k} - \frac{h^2}{\pi}$$

となるので, 定数項を省くと, ウェブスター方式の配分は,

$$\sum_{k=1}^{s} \frac{x_k^2}{p_k}$$

を最小にする.

話を簡単にするため, ウェブスター方式の配分はただ 1 つ, 上記の関数を最小にする配分もただ 1 つだけと仮定する. $(a_1, \ldots, a_s)$ が上記の関数値を最小にする配分とし, $S = \{1, \ldots, s\}$, $T = \{j \mid a_j \geq 2, j \in S\}$ とする. 任意の州 $j \in T$ から任意の別の州 $i \in S$ に 1 議席を移動すると, 関数値は増加するので, さらに, これら 2 州以外は議席の変更はないので,

$$\frac{a_i^2}{p_i} + \frac{a_j^2}{p_j} < \frac{(a_i + 1)^2}{p_i} + \frac{(a_j - 1)^2}{p_j}$$

が成り立つ. これを簡単化すると,

$$\frac{p_i}{a_i + 0.5} < \frac{p_j}{a_j - 0.5}$$

となる. 言い換えれば,

$$\max_{i \in S} \frac{p_i}{a_i + 0.5} < \min_{j \in T} \frac{p_j}{a_j - 0.5}$$

が成り立ち，ウェブスター方式のハンティントンの不等式が成り立つ.

つぎに，関数，

$$\sum_{k=1}^{s} x_k \left(\frac{p_k}{x_k} - \frac{\pi}{h} \right)^2$$

を考える．これを最小にする配分ベクトルはヒル方式の配分となる．このことを以下に説明する．この式を変形すると，

$$\sum_{k=1}^{s} x_k \left(\frac{p_k}{x_k} - \frac{\pi}{h} \right)^2 = \sum_{k=1}^{s} \frac{p_k^2}{x_k} - 2 \frac{\pi}{h} \sum_{k=1}^{s} p_k + \frac{\pi^2}{h^2} \sum_{k=1}^{s} x_k = \sum_{k=1}^{s} \frac{p_k^2}{x_k} - \frac{\pi^2}{h}$$

となるので，定数項を省くと，ヒル方式の配分は，

$$\sum_{k=1}^{s} \frac{p_k^2}{x_k}$$

を最小にする.

これも話を簡単化して，$(a_1, \ldots, a_s)$ が上記の関数値を最小にする唯一の配分とする．集合 S と T もいつものように定義すると，$i \in S$，$j \in T$ に対して，

$$\frac{p_i^2}{a_i} + \frac{p_j^2}{a_j} < \frac{p_i^2}{a_i + 1} + \frac{p_j^2}{a_j - 1}$$

が成り立つ．式を整理すると，

$$\frac{p_i^2}{a_i(a_i + 1)} < \frac{p_j^2}{(a_j - 1)a_j}$$

すなわち，

$$\frac{p_i}{\sqrt{a_i(a_i + 1)}} < \frac{p_j}{\sqrt{(a_j - 1)a_j}}$$

となる．言い換えれば，

$$\max_{i \in S} \frac{p_i}{\sqrt{a_i(a_i + 1)}} < \min_{j \in T} \frac{p_j}{\sqrt{(a_j - 1)a_j}}$$

が成り立ち，ヒル方式のハンティントンの不等式が成り立つ.

一般に，適当な関数 $\sum_{k=1}^{s} p_k f(x_k, p_k)$ あるいは $\sum_{k=1}^{s} x_k g(x_k, p_k)$

を設定すると，これを最小にする配分ベクトル $(x_1, \ldots, x_s) = (a_1, \ldots, a_s)$ に対し，配分方式 $d(n)$ のハンティントンの不等式：

$$\max_{i \in S} p_i/d(a_i) < \min_{j \in T} p_j/d(a_j - 1)$$

が成り立つ．その結果，配分ベクトル $(a_1, \ldots, a_s)$ が配分方式 $d(n)$ の配分となる．詳しいことはあとで述べる（第 6 章参照）．

第3章

ハンティントンとヒル方式

3.1 ヒル方式の導出

議席配分の歴史において，ハンティントンの主張ほど，重要視されてきたものはない．彼の主張は長い年月のうちに，少しは変化したが，基本的なところは変わらない．いつものように，議席総数を h，州の数を s，人口を $(p_1, \ldots, p_s)$ とする．いま，適当な配分方式を用いて h 議席を s 州間で配分したと仮定する．そのときの議席配分を $(a_1, \ldots, a_s)$ とする．

2つの異なる州 i と j を考える．州の人口をその議席数で割ったものは選挙区サイズと呼ばれているが，これを平等化したい．州 i の選挙区サイズ p_i/a_i と州 j の選挙区サイズ p_j/a_j を対象とする．現実には両者は等しくなく，どちらかが小さく，その州が1票の価値の点で有利となっている．以前同様，州全体の集合を S とし，2議席以上を受け取っている州全体を T とする．さらに，州 $j \in T$ から州 $i \in S$ への1議席の移動を考える．

このとき，州 $j \in T$ が不利で，州 $i \in S$ が有利な場合は，j から i への議席移動は明らかに馬鹿げている．この場合，$p_i/a_i < p_j/a_j$ なので，$1/(n+1) < 1/n$ $(n \geq 1)$, $1/n < 1/(n-1)$ $(n \geq 2)$ の関係を用いると，$p_i/(a_i+1) < p_j/(a_j-1)$ となり，2つの不等式の辺々の積を求めて，両辺の平方根をそれぞれとると，

$$\frac{p_i}{\sqrt{a_i(a_i+1)}} < \frac{p_j}{\sqrt{(a_j-1)a_j}}$$

となることに注意する．

つぎに，州 $i \in S$ が不利で州 $j \in T$ が有利，すなわち，$p_i/a_i > p_j/a_j$ の場合を考える．このとき，2 州間に存在する 1 票の格差を定義する．具体的には，選挙区サイズの大きいほう p_i/a_i を小さいほう p_j/a_j で割る，すなわち，$(p_i/a_i)/(p_j/a_j)$ の項で定義する．

ここで，州 j から州 i に 1 議席を移動させてみると，選挙区サイズは変化し，有利・不利の立場が逆転する可能性がある．逆転しないならば，明らかに，j から i へ 1 議席を移動すべきである．このとき（逆転しない場合），$p_i/a_i > p_j/a_j$ かつ $p_i/(a_i+1) > p_j/(a_j-1)$ となっているが，以前同様，2 つの不等式の辺々の積を求め，両辺の平方根をそれぞれとると，

$$\frac{p_i}{\sqrt{a_i(a_i+1)}} > \frac{p_j}{\sqrt{(a_j-1)a_j}}$$

となることに注意する．

最後に，有利・不利の立場が逆転した場合で，州 $i \in S$ が有利で州 $j \in T$ が不利に変化した場合，すなわち，$p_i/(a_i+1) < p_j/(a_j-1)$ となる場合を考えてみる．このとき，1 票の格差は $(p_j/(a_j-1))/(p_i/(a_i+1))$ に変化する．だから，1 議席の移動で格差が減少するのであれば，この議席移動を実行すべきで，格差が増加するのであれば議席移動はしない．言い換えれば，$(p_i/a_i)/(p_j/a_j) > (p_j/(a_j-1))/(p_i/(a_i+1))$ つまり，

$$\frac{p_i}{\sqrt{a_i(a_i+1)}} > \frac{p_j}{\sqrt{(a_j-1)a_j}}$$

ならば，この 1 議席を移動すべきであり，

$$\frac{p_i}{\sqrt{a_i(a_i+1)}} < \frac{p_j}{\sqrt{(a_j-1)a_j}}$$

ならば議席を移動すべきでない．以上の内容をまとめると:

【ヒル方式の議席移動条件】

州のあいだで，1 議席の移動をすべきかどうかは，2 項 $p_i/\sqrt{a_i(a_i+1)}$ と $p_j/\sqrt{(a_j-1)a_j}$ の大小関係で決定される．言い換えれば，不等式，

$$\frac{p_i}{\sqrt{a_i(a_i+1)}} < \frac{p_j}{\sqrt{(a_j-1)a_j}}$$

が成立すれば j から i の議席移動は行うべきでなく，不等式，

$$\frac{p_i}{\sqrt{a_i(a_i+1)}} > \frac{p_j}{\sqrt{(a_j-1)a_j}}$$

が成立すれば j から i の議席移動は行うべきである．

　ハンティントンによれば，議席移動により格差が減少する 2 州を見つけるたびに 1 議席の移動を繰り返すと，ヒル方式の配分に収束する．ここも，話を簡単にするため，ヒル方式の配分はただ 1 つと仮定する．丸め関数を $d(n)=\sqrt{n(n+1)}$ を持つヒル方式の与える配分 $(a_1,\ldots,a_s)$ に対して，ヒル方式のハンティントンの不等式，

$$\max_{i\in S}\frac{p_i}{\sqrt{a_i(a_i+1)}} < \min_{j\in T}\frac{p_j}{\sqrt{(a_j-1)a_j}}$$

が成り立つのであるから，議席移動により，ヒル方式の配分に収束すれば，上記のことから，それ以上，配分が変化することはない．

■ 3.2　ディーン方式の導出

　前節のヒル方式と同じ話の展開であるが，全体を繰り返す．異なるところは，2 州間の 1 票の格差の定義が，割り算から引き算になったことと，使用する平均が幾何平均から調和平均になっただけである．

　h 議席の，ある配分 $(a_1,\ldots,a_s)$ を考え，州全体の集合を S とし，2 議席以上を受け取っている州全体を T とする．以前同様，2 つの異なる州 i と j の選挙区サイズ p_i/a_i と p_j/a_j を平等化したい．州 $j\in T$ から州 $i\in S$ への 1 議席の移動を考える．

　州 $j\in T$ が不利で，州 $i\in S$ が有利な場合は，j から i への議席移動は行うべきでない．このとき，$p_i/a_i < p_j/a_j$ なので，$p_i/(a_i+1) < p_j/(a_j-1)$ となり，2 つの不等式の辺々の和を求めて，両辺をそれぞれ 2 で割ると，

$$\frac{p_i}{2a_i(a_i+1)/(2a_i+1)} < \frac{p_j}{2(a_j-1)a_j/(2a_j-1)}$$

となる.

つぎに，州 $i \in S$ が不利で州 $j \in T$ が有利，すなわち，$p_i/a_i > p_j/a_j$ の場合を考える．このとき，2 州間の 1 票の格差を数値の大きいほうから小さいほうを引くことにより定義すると，格差は $p_i/a_i - p_j/a_j$ となる．

ここで，州 j から州 i に 1 議席を移動させてみると，選挙区サイズは変化し，有利・不利の立場が逆転する可能性がある．逆転しないならば，明らかに，j から i へ 1 議席を移動すべきである．このとき，$p_i/a_i > p_j/a_j$ かつ $p_i/(a_i + 1) > p_j/(a_j - 1)$ となっているが，以前同様，2 つの不等式の辺々の和を求め，両辺をそれぞれ 2 で割ると，

$$\frac{p_i}{2a_i(a_i + 1)/(2a_i + 1)} > \frac{p_j}{2(a_j - 1)a_j/(2a_j - 1)}$$

となる．

最後に，考慮すべきは，立場が逆転した場合で，州 $i \in S$ が有利で州 $j \in T$ が不利，すなわち，$p_i/(a_i + 1) < p_j/(a_j - 1)$ となる場合である．このとき，1 票の格差は $p_j/(a_j - 1) - p_i/(a_i + 1)$ に変化する．だから，1 議席の移動で格差が減少するのであれば，この議席移動を実行すべきで，格差が増加するのであれば議席移動はしない．言い換えれば，$p_i/a_i - p_j/a_j > p_j/(a_j - 1) - p_i/(a_i + 1)$ つまり，

$$\frac{p_i}{2a_i(a_i + 1)/(2a_i + 1)} > \frac{p_j}{2(a_j - 1)a_j/(2a_j - 1)}$$

ならば，この 1 議席を移動すべきであり，

$$\frac{p_i}{2a_i(a_i + 1)/(2a_i + 1)} < \frac{p_j}{2(a_j - 1)a_j/(2a_j - 1)}$$

ならば議席を移動すべきでない．以上の内容をまとめると：

【ディーン方式の議席移動条件】

州のあいだで，1 議席の移動をすべきかどうかは，2 項 $p_i/(2a_i(a_i +$

$1)/(2a_i + 1))$ と $p_j/(2(a_j - 1)a_j/(2a_j - 1))$ の大小関係で決定される．不等式，

$$\frac{p_i}{2a_i(a_i + 1)/(2a_i + 1)} < \frac{p_j}{2(a_j - 1)a_j/(2a_j - 1)}$$

が成立すれば j から i の議席移動は行うべきでなく，不等式，

$$\frac{p_i}{2a_i(a_i + 1)/(2a_i + 1)} > \frac{p_j}{2(a_j - 1)a_j/(2a_j - 1)}$$

が成立すれば j から i の議席移動は行うべきである．

ハンティントンによれば，議席移動により格差が減少する 2 州を見つけるたびに 1 議席の移動を繰り返すと，ディーン方式の配分に収束する．ここも，話を簡単にするため，ディーン方式の配分はただ 1 つと仮定する．丸め関数を $d(n) = 2n(n+1)/(2n+1)$ を持つディーン方式の与える配分 $(a_1, \ldots, a_s)$ に対して，ディーン方式のハンティントンの不等式，

$$\max_{i \in S} \frac{p_i}{2a_i(a_i + 1)/(2a_i + 1)} < \min_{i \in T} \frac{p_j}{2(a_j - 1)a_j/(2a_j - 1)}$$

が成り立つのであるから，議席移動により，ディーン方式の配分に収束すれば，上記のことから，それ以上，配分が変化することはない．

3.3 ウェブスター方式の導出

前節と同じ話の展開であるが，やはり，全体を繰り返す．異なるところは 1 票の格差の定義に，p_i/a_i を用いるのではなく，その逆数の a_i/p_i を用いている点である．使用する平均は算術平均である．

h 議席の，ある配分 $(a_1, \ldots, a_s)$ を考え，州全体の集合を S とし，2 議席以上を受け取っている州全体を T とする．今回は，2 つの異なる州 i と j の選挙区サイズの逆数 a_i/p_i と a_j/p_j を平等化したい．a_i/p_i は 1 人当たり議席数と呼ばれるものである．州 $j \in T$ から州 $i \in S$ への 1 議席の移動を考える．

州 $j \in T$ が不利で，州 $i \in S$ が有利な場合は，j から i への議席移動

は行うべきでない．このとき，$a_i/p_i > a_j/p_j$ なので，$(a_i+1)/p_i > (a_j-1)/p_j$ となり，2 つの不等式の辺々の和を求めて，両辺をそれぞれ 2 で割ると $(a_i+0.5)/p_i > (a_j-0.5)/p_j$，すなわち，

$$\frac{p_i}{a_i+0.5} < \frac{p_j}{a_j-0.5}$$

となる．

つぎに，州 $i \in S$ が不利で州 $j \in T$ が有利，すなわち，$a_i/p_i < a_j/p_j$ の場合を考える．このとき，2 州間の 1 票の格差を数値の大きいほうから小さいほうを引くことにより定義すると，2 州間の格差は $a_j/p_j - a_i/p_i$ となる．

ここで，州 j から州 i に 1 議席を移動させてみると，1 人当たり議席数は変化し，有利・不利の立場が逆転する可能性がある．逆転しないならば，明らかに，j から i へ 1 議席を移動すべきである．このとき，$a_i/p_i < a_j/p_j$ かつ $(a_i+1)/p_i < (a_j-1)/p_j$ となっているが，以前同様，2 つの不等式の辺々の和を求め，両辺をそれぞれ 2 で割ると $(a_i+0.5)/p_i < (a_j-0.5)/p_j$，すなわち，

$$\frac{p_i}{a_i+0.5} > \frac{p_j}{a_j-0.5}$$

となる．

最後に，考慮すべきは，立場が逆転した場合で，州 $i \in S$ が有利で州 $j \in T$ が不利，すなわち，$(a_i+1)/p_i > (a_j-1)/p_j$ となる場合である．このとき，2 州間の 1 票の格差は $(a_i+1)/p_i - (a_j-1)/p_j$ に変化する．だから，1 議席の移動で格差が減少するのであれば，この議席移動を実行すべきで，格差が増加するのであれば議席移動はしない．言い換えれば，$a_j/p_j - a_i/p_i > (a_i+1)/p_i - (a_j-1)/p_j$ つまり，

$$\frac{p_i}{a_i+0.5} > \frac{p_j}{a_j-0.5}$$

ならば，この 1 議席を移動すべきであり，

$$\frac{p_i}{a_i+0.5} < \frac{p_j}{a_j-0.5}$$

ならば議席を移動すべきでない. 以上の内容をまとめると:

【ウェブスター方式の議席移動条件】
州のあいだで, 1 議席の移動をすべきかどうかは, 2 項 $p_i/(a_i + 0.5)$
と $p_j/(a_j - 0.5)$ の大小関係で決定される. 不等式,

$$\frac{p_i}{a_i + 0.5} < \frac{p_j}{a_j - 0.5}$$

が成立すれば j から i の議席移動は行うべきでなく, 不等式,

$$\frac{p_i}{a_i + 0.5} > \frac{p_j}{a_j - 0.5}$$

が成立すれば j から i の議席移動は行うべきである.

　ハンティントンによれば, 議席移動により格差が減少する 2 州を
見つけるたびに 1 議席の移動を繰り返すと, ウェブスター方式の配
分に収束する. ここも, 話を簡単にするため, ウェブスター方式の
配分はただ 1 つと仮定する. 丸め関数 $d(n) = n + 0.5$ を持つウェブ
スター方式の与える配分 $(a_1, \dots, a_s)$ に対して, ウェブスター方式
のハンティントンの不等式,

$$\max_{i \in S} \frac{p_i}{a_i + 0.5} < \min_{j \in T} \frac{p_j}{a_j - 0.5}$$

が成り立つのであるから, 議席移動により, ウェブスター方式の配
分に収束すれば, 上記のことから, それ以上, 配分が変化すること
はない.

3.4　ヒル方式の妥当性

　1 票の価値として 1 人当たり議席数を使い, 2 州間の格差を割り算
で定義する. h 議席の, ある配分 $(a_1, \dots, a_s)$ を考え, 州全体の集合
を S とし, 2 議席以上を受け取っている州全体を T とする. 2 つの
異なる州 i と j の 1 人当たり議席数 a_i/p_i と a_j/p_j を平等化したい.
州 $j \in T$ から州 $i \in S$ への 1 議席の移動を考える.

50 | 第 3 章　ハンティントンとヒル方式

表 3.1　4 つの場合の配分方式

	割り算	引き算
p_i/a_i	ヒル方式	ディーン方式
a_i/p_i	ヒル方式	ウェブスター方式

　州 $i \in S$ が不利で州 $j \in T$ が有利とすれば，$a_i/p_i < a_j/p_j$ である．このとき，2 州間の 1 票の格差を割り算で定義する．すなわち，値の大きいほうの a_j/p_j を小さいほうの a_i/p_i で割ることにより，格差を $(a_j/p_j)/(a_i/p_i)$ と定義する．しかしながら，これは以前ヒル方式の説明で出てきた 2 州間の 1 票の格差の定義 $(p_i/a_i)/(p_j/a_j)$ と同じである．つまり，

$$\frac{a_j/p_j}{a_i/p_i} = \frac{p_i/a_i}{p_j/a_j} = \frac{p_i a_j}{p_j a_i}$$

である．その結果，この場合の議論は，以前のヒル方式の議論と同じものになる．

　これまでの結果をまとめると，1 票の価値として p_i/a_i を使うのか，それとも a_i/p_i を使うのか．2 州間の格差を割り算で定義するのか引き算で定義するのか．計 4 通りの場合を考察した．それぞれの場合に対し，議席移動により格差が減少する 2 州を見つけるたびに 1 議席の移動を繰り返すと，それぞれの配分方式の配分に収束する．つまり，1 票の価値と 2 州間の格差の定義の仕方で，配分方式が定まる．その結果を表 3.1 にまとめる．

　ヒル方式の支持者たちは，つぎのような主張をする．平等にすべき 1 票の価値を p_i/a_i で定義するか a_i/p_i で定義するかは分からない．一方が良く，他方が悪いとは判断できない．つまり，両方で判断しなくてはいけない．「言論の自由」で有名なチェイフィー[1]は，両方で判断することは合衆国憲法の考えだと述べている．2 州間の格差を割り算で定義すれば，どちらの場合でもヒル方式の配分が導かれる．それに対し，2 州間の格差を引き算で定義すれば，1 票の価値を p_i/a_i で定義するとディーン方式の配分が導かれるが，a_i/p_i で定義するとウェブスター方式の配分が導かれる．両方式の配分結果

[1] Zechariah Chafee (1885–1957). アメリカの法学者．自由権に関する著作で有名である．ハンティントンの主張を分かりやすく解説している．議席配分問題で，彼の作る数値例は芸術的である．

は常に一致するわけではないので，どちらもが最善の配分だとすれば矛盾が生じる．よって，ヒル方式が最善の配分方式だと結論付けている．

この議論の中心人物はハンティントンであるが，彼の主張は多くの人々に賛同された．例えば，国勢調査局長官に助言するために組織された，アメリカ統計学会とアメリカ経済学会の共同で作った委員会では，6名の委員全員がハンティントンの主張に賛同した．また，下院議長の正式な依頼により，全米科学アカデミー[2]の指名した4名の著名な数学者は全員一致でハンティントンを支持した．また，後年，再度，全米科学アカデミーの指名した3名の数学者（フォン・ノイマン[3]を含む）もハンティントンを支持した．その結果，1951年にはチェイフィーが議論の終了を宣言している．

ハンティントンが2州間の格差を最小化することにより，ヒル方式，ディーン方式，ウェブスター方式を導いたが，この3方式以外に，アダムズ方式とジェファソン方式も同じやり方で導いている．そのため，これら5方式を特別扱いする習慣が生まれた．だだし，最後の2方式はその2州間の格差の定義が人為的であるとして，全米科学アカデミーが指名した委員会により棄却されている．最初に述べた3方式に対し，ハンティントンは議席移動の連続で配分が収束すると述べているが，意図的であるかどうかは分からないが，その証明は与えていない．本書では別の場所で収束について議論する．

■ 3.5　ハンティントン批判

2州間の格差を割り算で定義し，格差が小さくなるように1議席の移動を繰り返すとヒル方式による配分結果が得られる．1票の価値を選挙区サイズ p_i/a_i で定義しても，1人当たり議席数 a_i/p_i で定義しても，2州間の格差（割り算で定義）は同じ値になり，議席移動により格差を減少させ続けると，ヒル方式の配分になる．そのことからヒル方式がベストと判断する．

2) National Academy of Sciences. リンカーンが大統領であった1863年に設立された民間非営利団体．さまざまな学術分野で賞を授与し，学術雑誌 *Proceedings of the National Academy of Sciences* を出している．毎年，新メンバーは現メンバーにより，専門分野での業績に基づき選出される．これに選出されることは非常に名誉なこととされている．

3) John von Neumann (1903–1957)．ハンガリー生まれのアメリカの数学者，数学基礎論などを研究した．万能の天才で，コンピュータや原子爆弾の開発に大きく寄与した．また，ゲーム理論の成立や人工生命の誕生にも多大なる貢献をした．核実験などで被曝し，がんになり，53歳で亡くなった．

52　第 3 章　ハンティントンとヒル方式

表 3.2　1920 年度，3 州の人口，取り分，アダムズ方式とヒル方式

州　名	人口	取り分	アダムズ方式	ヒル方式
ニューヨーク	10,380,589	42.82	41	42
ノースカロライナ	2,559,123	10.56	10	10
バージニア	2,309,187	9.53	9	9

表 3.3　1920 年度，3 州の選挙区サイズ

州　名	アダムズ方式	ヒル方式
ニューヨーク	253,185	247,157
ノースカロライナ	255,912	255,912
バージニア	256,576	256,576

　確かに，州が 2 つしかなければ，ヒル方式の配分は 2 州間の格差を最小にするが，州の数は現在 50 もある．わが国の都道府県の数も 47 ある．州の数が多い場合，この考え方でよいのであろうか．ハンティントンは 2 州間の格差を小さくするように議席を移動させているが，議席移動が終了したヒル方式の配分では，本当に 2 州間の格差は最小になっているのであろうか？

　この疑問に関し，1920 年度の国勢調査結果に対する配分結果を利用して，考えることにする．ニューヨーク州，ノースカロライナ州，および，バージニア州を考える．表 3.2 に 3 州の人口，取り分，アダムズ方式とヒル方式による配分結果を示す．さらに，表 3.3 に，アダムズ方式とヒル方式を用いたとき，ニューヨーク州，ノースカロライナ州，および，バージニア州の選挙区サイズ p_i/a_i を示す．これより，ニューヨーク州とバージニア州の選挙区サイズの格差はアダムズ方式で 1.01 倍，ヒル方式で 1.04 倍，さらに，ニューヨーク州とノースカロライナ州の選挙区サイズの格差もアダムズ方式で 1.01 倍，ヒル方式で 1.04 倍となっており，2 州間に生じる格差に関して，ヒル方式がその格差を最小にするとは言えない．

　ハンティントンの 2 州間の議席移動の基準にはさらなる疑問が生じる．彼は 2 州間の格差のみに着目するが，議席の移動により変化を受ける 2 州間の格差はたくさん存在する．州の数が s のとき，組

み合わせで，2州間の格差は $_sC_2 = s(s-1)/2$ 個存在する．2州 i と j の間で1議席の移動を行うと，この2州間の格差以外にも変化する2州間の格差は $2(s-1)$ 個存在する．つまり，州 i, j 以外の $s-2$ 個の州 k に対し，州 i, k 間と州 j, k 間の $2(s-1)$ 個の格差に変化が生じる．ハンティントンはどうしてこれだけ多くの格差が変化するにもかかわらず，その中の1つだけに着目したのであろうか？ 他の変化する格差は無視していいのであろうか？ これに対する答えは皆無である．

だから，2州間の格差を割り算で定義したとき，ハンティントンの議席移動は単にヒル方式の配分を得るために実行しているだけと考えざるを得ない．ハンティントンの議席移動は，移動させる順番を（移動を行う州のペアを）決めておらず，単にその場その場で2州間の格差が小さくなるようにランダムに議席を移動している．重要なことは，そのように議席を移動しても，最後にはヒル方式の配分に収束することである．これはヒル方式が最小化する関数，

$$\sum_{k=1}^{s} \frac{p_k^2}{a_k}$$

の値を減少させるように議席を移動させていると解釈できる．この関数は a_k に関し狭義凸であり，関数値が減少するように1議席を繰り返し移動すると，有限回の移動で必ずヒル配分に収束する．これは初期点，つまり，最初の議席配分の選び方には無関係である．だから，1議席の移動の前後で関数値が減少することが重要であり，その条件を求めるとつぎのようになる．

2議席以上を受け取っている任意の州 j から，他の任意の州 $i \neq j$ に1議席を移動させ，関数値を比較する．州 j と i 以外の州 $k \neq i, j$ の議席数 a_k は変化しないので，関数値が減少するならば，

$$\frac{p_i^2}{a_i} + \frac{p_j^2}{a_j} > \frac{p_i^2}{a_i+1} + \frac{p_j^2}{a_j-1}$$

となる．また，この不等式が成り立てば，州 j から州 i への1議席

の移動によりヒル方式が最小化する関数値を減少させる．上記の不等式は，

$$\frac{p_i}{\sqrt{a_i(a_i+1)}} > \frac{p_j}{\sqrt{(a_j-1)a_j}}$$

と書ける．これはハンティントンの議席移動の条件式と同じであり，結局のところ，彼はヒル方式が最小化する関数値を減少させる条件を明らかにしただけである．この条件をどのような形に変形して表現しても，そのことにあまり意味があるとは思えない．

一方，ディーン方式とウェブスター方式では，2州間の格差を割り算ではなく引き算を使って定義しているとして，激しく非難しているが，これも単に，それぞれの方式が最小化すべき関数値を減少させる条件を示しているだけで，この条件をどのような形に変形して表現しても，本質は変わらない．

ディーン方式の最小化する関数はコンパクトな形をしたものが知られていないので，ここではウェブスター方式の最小化する関数，

$$\sum_{k=1}^{s} \frac{a_k^2}{p_k}$$

を考える．以前同様，2議席以上を持つ州 j から他の州 i への1議席の移動による，この関数値の変化を調べる．関数値が減少する必要十分条件は，

$$\frac{a_i^2}{p_i} + \frac{a_j^2}{p_j} > \frac{(a_i+1)^2}{p_i} + \frac{(a_j-1)^2}{p_j}$$

すなわち，

$$\frac{p_i}{a_i+0.5} > \frac{p_j}{a_j-0.5}$$

となる．これはハンティントンの示した，ウェブスター方式の議席移動の条件そのものである．

以上のことより，ハンティントンの議席移動は，単に，それぞれの方式の配分を手に入れるためであり，そのことから直接的には配分方式の優劣は決まらない．

第4章

ウェブスター方式への回帰

▌ 4.1　ウィルコックスの主張

　20世紀の前半，ウェブスター方式支持者とヒル方式支持者の間で激しい論争が続いた．ウェブスター方式支持の中心人物がウィルコックスである．彼は人口の多い州（大州）と人口の少ない州（小州）とを区別し，それぞれの配分方式が大州に有利か，小州に有利かを調べた．大州や小州に有利となる配分には偏りがあるという．また，配分方式が偏りのある配分を与える傾向を持つとき，その配分方式には偏りがあるという．ただし，アメリカの憲法では各州に1議席を保証するので，それぞれの配分結果に対して，有利となるのは大州か小州かを明らかにする前に，人口の非常に少ない州を最初に除外して議論を進める必要がある．総人口を議席総数で割った値を基準人数と呼んでいるが，ウィルコックスは州の人口が基準人数を下回る州を除外した．人口が基準人数を下回るとは，取り分が1を下回ることと同じである．

　1790年度の国勢調査結果に対する議席配分を例にして考えてみる（表4.1）．このとき，取り分が1を下回る州はなかった．総人口361万5920人を州の数15で割ると，平均人口が24万1061人となるが，この人数より多い人口を持つ州を大州とし，残りを小州とする．つまり，バージニア州からメリーランド州までの6州が大州，残りが小州である．大州6州の取り分の和は72.67議席であり，ヒル方式はそれらの州に計72議席を与え，ウェブスター方式は計73議席を与えている（表4.2）．ヒル方式とウェブスター方式の配分が異なる

56 第4章 ウェブスター方式への回帰

表 4.1 1790 年度, ヒル方式とウェブスター方式の配分

州　名	人　口	取り分	H	W
バージニア	630,560	18.31	18	18
マサチューセッツ	475,327	13.80	14	14
ペンシルベニア	432,879	12.57	12	13
ノースカロライナ	353,523	10.27	10	10
ニューヨーク	331,589	9.63	10	10
メリーランド	278,514	8.09	8	8
コネティカット	236,841	6.88	7	7
サウスカロライナ	206,236	5.99	6	6
ニュージャージー	179,570	5.21	5	5
ニューハンプシャー	141,822	4.12	4	4
バーモント	85,533	2.48	3	2
ジョージア	70,835	2.06	2	2
ケンタッキー	68,705	2.00	2	2
ロードアイランド	68,446	1.99	2	2
デラウェア	55,540	1.61	2	2
合計	3,615,920	105	105	105

表 4.2 1790 年度, ヒル方式とウェブスター方式の大州への配分

州　名	人　口	取り分	H	W
バージニア	630,560	18.31	18	18
マサチューセッツ	475,327	13.80	14	14
ペンシルベニア	432,879	12.57	12	13
ノースカロライナ	353,523	10.27	10	10
ニューヨーク	331,589	9.63	10	10
メリーランド	278,514	8.09	8	8
合計	2,502,392	72.67	72	73

のはペンシルベニア州とバーモント州だけである. この場合, ウェブスター方式の配分のほうが偏りが小さい. ウィルコックスはこのような計算をたくさん行い, ウェブスター方式はヒル方式よりも大州と小州の取り扱いにおいて, バランスがとれて偏りが小さいと主張した.

もう一例として, 1950 年度の国勢調査結果に対する議席配分を考えてみる. このときの総人口は 1 億 4989 万 5183 人で, 議席の総数は 435 議席である. よって, 基準人数は 34 万 4587 人となる (表 4.3).

4.1 ウィルコックスの主張 | 57

表 4.3 1950 年度の各州の人口と議席数（ヒル方式とウェブスター方式）

州　名	人　口	H	W
ニューヨーク	14,830,192	43	43
カリフォルニア	10,586,223	30	31
ペンシルベニア	10,498,012	30	30
イリノイ	8,712,176	25	25
オハイオ	7,946,627	23	23
テキサス	7,711,194	22	22
ミシガン	6,371,766	18	18
ニュージャージー	4,835,329	14	14
マサチューセッツ	4,690,514	14	14
ノースカロライナ	4,061,929	12	12
ミズーリ	3,954,653	11	11
インディアナ	3,934,224	11	11
ジョージア	3,444,578	10	10
ウィスコンシン	3,434,575	10	10
バージニア	3,318,680	10	10
テネシー	3,291,718	9	9
アラバマ	3,061,743	9	9
ミネソタ	2,982,483	9	9
ケンタッキー	2,944,806	8	8
フロリダ	2,771,305	8	8
ルイジアナ	2,683,516	8	8
アイオワ	2,621,073	8	8
ワシントン	2,378,963	7	7
メリーランド	2,343,001	7	7
オクラホマ	2,233,351	6	6
ミシシッピ	2,178,914	6	6
サウスカロライナ	2,117,027	6	6
コネティカット	2,007,280	6	6
ウェストバージニア	2,005,552	6	6
アーカンソー	1,909,511	6	6
カンザス	1,905,299	6	5
オレゴン	1,521,341	4	4
ネブラスカ	1,325,510	4	4
コロラド	1,325,089	4	4
メイン	913,774	3	3
ロードアイランド	791,896	2	2
アリゾナ	749,587	2	2
ユタ	688,862	2	2
ニューメキシコ	681,187	2	2
サウスダコタ	652,740	2	2
ノースダコタ	619,636	2	2
モンタナ	591,024	2	2
アイダホ	588,637	2	2
ニューハンプシャー	533,242	2	2
バーモント	377,747	1	1
デラウェア	318,085	1	1
ワイオミング	290,529	1	1
ネバダ	160,083	1	1
合計	149,895,183	435	435

58 | 第4章 ウェブスター方式への回帰

これより人口の少ないデラウェア州，ワイオミング州，ネバダ州が偏りの議論の対象から除外される．

州の数は当時 48 であったので，残り 45 州の間で残り 432 議席を配分する．45 州の総人口は 1 億 4912 万 6486 人であり，これより 45 州の取り分を計算し，以下これを利用する．また，45 州の平均人数は 331 万 3922 人であることから，この人数より多い人口の州はニューヨーク州（人口 1483 万 192 人）からバージニア州（人口 331 万 8680 人）までの 15 州を大州と定義する．これら大州 15 州の取り分の総和は 284.85 議席であり，ヒル方式は 283 議席与えている．一方，ウェブスター方式は 284 議席を与えている（表 4.4）．大州 15 州の中で，両方式の配分が異なるのはカリフォルニア州だけである．

残り 30 州を小州と定義すると，小州の取り分の和は 147.15 議席で，ヒル方式はこれらの小州に 149 議席を，ウェブスター方式は 148 議席を与えている（表 4.5）．小州 30 州の中で，配分が異なるのは

表 4.4 1950 年度の各大州の取り分と議席数（ヒル方式とウェブスター方式）

州　名	取り分	H	W
ニューヨーク	42.96	43	43
カリフォルニア	30.67	30	31
ペンシルベニア	30.41	30	30
イリノイ	25.24	25	25
オハイオ	23.02	23	23
テキサス	22.34	22	22
ミシガン	18.46	18	18
ニュージャージー	14.01	14	14
マサチューセッツ	13.59	14	14
ノースカロライナ	11.77	12	12
ミズーリ	11.46	11	11
インディアナ	11.40	11	11
ジョージア	9.98	10	10
ウィスコンシン	9.95	10	10
バージニア	9.61	10	10
合計	284.85	283	284

表 4.5 1950 年度の各小州の取り分と議席数(ヒル方式とウェブスター方式)

州　名	取り分	H	W
テネシー	9.54	9	9
アラバマ	8.87	9	9
ミネソタ	8.64	9	9
ケンタッキー	8.53	8	8
フロリダ	8.03	8	8
ルイジアナ	7.77	8	8
アイオワ	7.59	8	8
ワシントン	6.89	7	7
メリーランド	6.79	7	7
オクラホマ	6.47	6	6
ミシシッピ	6.31	6	6
サウスカロライナ	6.13	6	6
コネティカット	5.81	6	6
ウェストバージニア	5.81	6	6
アーカンソー	5.53	6	6
カンザス	5.52	6	5
オレゴン	4.41	4	4
ネブラスカ	3.84	4	4
コロラド	3.84	4	4
メイン	2.65	3	3
ロードアイランド	2.29	2	2
アリゾナ	2.17	2	2
ユタ	2.00	2	2
ニューメキシコ	1.97	2	2
サウスダコタ	1.89	2	2
ノースダコタ	1.80	2	2
モンタナ	1.71	2	2
アイダホ	1.71	2	2
ニューハンプシャー	1.54	2	2
バーモント	1.09	1	1
合計	147.15	149	148

カンザス州だけである.以上のことから,ウェブスター方式の配分はヒル方式の配分より,大州・小州への偏りが小さいことが分かる.

60 | 第 4 章 ウェブスター方式への回帰

■ 4.2 バリンスキー・ヤングの主張

1) Michel Balinski (1933–). 数理最適化学会の会長を歴任. ヤングとの共著 *Fair Representation*（『公正な代表制』）は議席配分に関する基本的なテキストとなっている.

2) Peyton Young (1945–). ゲーム理論学会の会長を歴任. ゲーム理論の研究者として有名.

20 世紀の後半, バリンスキー[1]とヤング[2]はウィルコックスの唱えた内容を理論的に説明した. すなわち, ウェブスター方式は, 大州と小州の取り扱いにおいて, バランスがとれていることを理論的に説明した. 現実には, 人口は大きな正の整数であるが, 配分方式の同次性より, ここでは, 人口は正の実数とする. また, 議席の配分は配分方式 $d(n)$ で行うとする.

2 つの異なる州 i と j を考える. 州 i の受け取る議席数を a_i, 州 j の受け取る議席数 a_j とし, 両者は異なる整数で, $1 < a_i < a_j$ とする. 正の除数 λ は固定されているとして, 州 i の人口 p_i が区間 $[d(a_i - 1)\lambda, d(a_i)\lambda]$ 上の一様乱数, 州 j の人口 p_j が区間 $[d(a_j - 1)\lambda, d(a_j)\lambda]$ 上の一様乱数とする. つまり, 配分方式 $d(n)$ を用いたとき, 州 i と j の受け取る議席数が, それぞれ, 現在の a_i および a_j の値から変化しないように, 人口の値（乱数）の範囲を選ぶ. $a_i < a_j$ なので, 州 i のほうが州 j より人口が少ない. このとき, 人口の少ないほうの州が有利となる確率, つまり, 人口の少ないほうの州の選挙区サイズが人口の多いほうの州のそれより小さくなる確率を求める. ただし, この確率の値は除数 λ の値には独立なので, 以下の確率の計算では $\lambda = 1$ とする.

$p_i p_j$ 平面上で, 我々の対象としている領域は長方形であり, その面積は $(d(a_i) - d(a_i - 1))(d(a_j) - d(a_j - 1))$ である. 不等式: $p_i/a_i < p_j/a_j$ が成り立てば人口の少ないほうの州が有利であることから, 人口の少ないほうの州 i が有利となる長方形の中の領域は直線 $p_j = (a_j/a_i)p_i$ より上側である. このことから, 人口の少ないほうの州 i が人口の多いほうの州 j より有利となる確率は,

$$\frac{(1/2)(d(a_j - 1) + d(a_j))/a_j - d(a_i - 1)/a_i}{(d(a_i) - d(a_i - 1))/a_i} \tag{4.1}$$

となる. 例として, 人口の少ないほうの州に 2 議席, 人口の多いほうの州に 5 議席が与えられるとき, および, 人口の少ないほうの州

4.2 バリンスキー・ヤングの主張 | 61

表 4.6 2州への配分が2議席と5議席のとき，2議席と50議席のとき，人口の少ないほうの州が有利となる確率

配分方式	アダムズ	ディーン	ヒル	ウェブスター	ジェファソン
確率（2と5議席）	80%	60.6%	55.6%	50%	20%
確率（2と50議席）	98%	62.5%	56.6%	50%	2%

に2議席，人口の多いほうの州に50議席が与えられるとき，人口の少ないほうの州が有利となる確率は表 4.6 のとおりである．

式 (4.1) にウェブスター方式の丸め関数 $d(n) = n + 0.5$ を代入すると式 (4.1) の値が 0.5 となり，ウェブスター方式は人口の少ないほうの州にも人口の多いほうの州にも，平均的には偏りのない配分結果を与えることが分かる．逆に，式 (4.1) の値が 0.5 となる配分方式はどのような配分方式であるかを考えてみる．n を 3 以上の整数として，式 (4.1) の値を 0.5 とおいた等式に，$a_i = 2$，$a_j = n$ を代入してみると，$(d(n-1) + d(n))/n = (d(1) + d(2))/2$ が導かれる．ただし，$n = 2$ に対しても，この等式は形式的に成り立つ．ここで，$n - 1 \leq d(n-1) \leq n$ および $n \leq d(n) \leq n + 1$ の関係を利用し，$\lim_{n \to +\infty}(d(n-1) + d(n))/n$ の値を調べると，$d(1) + d(2) = 4$ が得られ，その結果，

$$d(n-1) + d(n) = 2n, \quad (n \geq 2)$$

の関係が導かれる．

m を整数として，$n = 2m$ を $d(n) = 2n - d(n-1)$ に代入すると，$d(2m) = 4m - d(2m-1)$ となる．さらに，$n = 2m - 1$ を $d(n) = 2n - d(n-1)$ に代入すると，$d(2m-1) = 2(2m-1) - d(2m-2)$ となるので，この2つの等式から，$d(2m) = 4m - (2(2m-1) - d(2m-2)) = 2 + d(2(m-1))$ が導かれる．いま，$b_k = d(2k)$ とおくと，この等式は $b_m = b_{m-1} + 2$ と書け，数列 $\{b_k\}$ の漸化式が得られる．初項 b_1 の値は未知であるが，一般項 b_k を求めると，$b_k = 2k + (b_1 - 2)$ となり，その結果，$d(2m) = 2m + (d(2) - 2)$ が求まる．つまり，n が偶数のときの丸め関数 $d(n) = n + (d(2) - 2)$ が求まる．n が奇数の場合

も同じようにすれば，$d(n) = n + (d(1) - 1)$ が導かれる．この式は，形式的に，$n = 1$ でも成り立つ．$c = d(1)$ とおく．$d(1) + d(2) = 4$ なので，1 以上の整数 n に対し，

$$d(n) = \begin{cases} n + (2 - c) & n \text{ が偶数のとき} \\ n + (c - 1) & n \text{ が奇数のとき} \end{cases} \tag{4.2}$$

となる．ここで，$1 < c < 2$ である[3]．$c = d(1) = 1.5$ とおけば $d(n) = n + 0.5$ $(n \geq 1)$ となり，ウェブスター方式の丸め関数が導かれるが，$1 < c < 2$ となる任意の c の値に対しても，式 (4.1) の値は 0.5 となる．よって，人口の少ないほうの州が有利となる確率が 0.5 となる除数方式はウェブスター方式だけではなく，除数方式のクラスの中には無限に存在することが分かる．

そこで，バリンスキーとヤングは除数方式のクラスを比例型の除数方式と非比例型の除数方式に 2 分割し，比例型の除数方式のクラスの中では，人口の少ないほうの州が有利となる確率が 0.5 となる配分方式はウェブスター方式だけであると主張した．人口を $(p_1, \ldots, p_s)$ とするとき，配分方式 $d(n)$ が配分 $(a_1, \ldots, a_s)$ を与えるとする．正の整数ベクトル $(b_1, \ldots, b_s)$ に対して，すべての州に対して，$b_i = \alpha a_i$ $(1 \leq i \leq s)$ となる有理数 $0 < \alpha < 1$ が存在し，さらに，$(b_1, \ldots, b_s)$ も配分方式 $d(n)$ の配分となるとき，配分方式 $d(n)$ は比例型の除数方式と呼ばれる．よって，比例型の除数方式を使って，600 議席を配分したとき，州 i の受け取る議席数 a_i がすべて 3 の倍数ならば，400 議席を同一の配分方式を使って配分したとき，州 i の受け取る議席数 b_i はすべて $b_i = (2/3)a_i$ となる．

つぎに，配分方式 $d(n)$ が比例型の除数方式ならば，

$$d(n)/d(n - 1) \geq d(n + 1)/d(n), \quad (n \geq 2)$$

となることを示す．そのために，2 以上のある整数 n' に対して，この不等式が成り立たないと仮定する．すなわち，ある $n' \geq 2$ に対して，$d(n')/d(n' - 1) < d(n' + 1)/d(n')$ と仮定する．州の数 $s = 2$

3) $1 \leq d(1) \leq 2$ であるが，$c = d(1) = 1$ ならば $d(2) = d(3) = 3$ となり，$c = d(1) = 2$ ならば $d(1) = d(2) = 2$ となる．これは丸め関数 $d(n)$ の狭義増加性に反する．そのため，$c \neq 1, 2$ となる．

として，人口 (p_1, p_2) を考える．配分方式 $d(n)$ が配分 (n', n') を与えるとすれば，ハンティントンの不等式 $p_1/d(n') < p_2/d(n'-1)$ と $p_2/d(n') < p_1/d(n'-1)$ が成り立つ．さらに，配分方式 $d(n)$ が配分 $(n'+1, n'+1)$ を与えるとすれば，ハンティントンの不等式 $p_1/d(n'+1) < p_2/d(n')$ と $p_2/d(n'+1) < p_1/d(n')$ が成り立つ．つまり，人口 (p_1, p_2) に対し，ある $n' \geq 2$ が存在して，配分方式 $d(n)$ が配分 (n', n') および配分 $(n'+1, n'+1)$ を与えるための必要十分条件は，

$$\frac{d(n')}{d(n'+1)} < \frac{d(n'-1)}{d(n')} < \frac{p_2}{p_1} < \frac{d(n')}{d(n'-1)} < \frac{d(n'+1)}{d(n')}$$

が成り立つことである．よって，例えば，人口を $d(n')/d(n'+1) < p_2/p_1 < d(n'-1)/d(n')$ を満たすように定めると，配分方式 $d(n)$ は配分 $(n'+1, n'+1)$ を与えるが，配分 (n', n') を与えることはできない．すなわち，配分方式 $d(n)$ が比例型の除数方式であることに矛盾する．よって，配分方式 $d(n)$ が比例型の除数方式ならば，任意の整数 $n \geq 2$ に対して，$d(n)/d(n-1) \geq d(n+1)/d(n)$ が成り立つ．

n が偶数のとき，不等式 $d(n)/d(n-1) \geq d(n+1)/d(n)$ に式 (4.2) の右辺を代入すると，

$$\frac{n+2-c}{n-1+c-1} \geq \frac{n+1+c-1}{n+2-c}$$

が得られ，n が奇数のときも同じようにすると，

$$\frac{n+c-1}{n-1+2-c} \geq \frac{n+1+2-c}{n+c-1}$$

が得られる．これらの 2 つの不等式より，

$$\frac{3n+1}{2n+1} \leq c \leq \frac{3n+2}{2n+1}, \quad n \geq 2$$

が導かれる．c は定数で n には無関係なので，n を十分大きくすることにより，$c = d(1) = 1.5$ が導かれる．よって，比例型の除数方式のクラスの中では，ウェブスター方式は人口の少ないほうの州にも人口の多いほうの州にも，平均的には偏りのない配分結果を与え

る唯一の配分方式といえる.

バリンスキーとヤングはこの 2 州間の有利・不利の関係を複数の州の場合に拡張した. 人口の少ない州のグループを L, 人口の多い州のグループを G と書く. 前者のグループに属する州を小州, 後者のグループに属する州を大州と呼ぶ. 小州グループの州の議席の最大値は大州グループの州の議席の最小値より小さいとする. すなわち,

$$\max_{i \in L} a_i < \min_{j \in G} a_j \tag{4.3}$$

と仮定する. また,

$$\sum_{i \in L} p_i \Big/ \sum_{i \in L} a_i < \sum_{j \in G} p_j \Big/ \sum_{j \in G} a_j$$

ならば, 小州グループが大州グループより有利と定義する.

以前と同じように, 正の除数 λ は固定されているとして, 各州 k の人口 p_k は区間 $[d(a_k - 1)\lambda, d(a_k)\lambda]$ 上の一様乱数とする. L と G はともに空集合ではないとして, 式 (4.3) を満たす任意の L, G を考える. バリンスキーとヤングによれば, ウェブスター方式に対し, 小州グループ L が大州グループ G より有利となる確率を計算すると, その値が 0.5 となる. さらに, 比例型の除数方式のクラスの中では, そのような確率が 0.5 となるのはウェブスター方式だけとなる. このことから, バリンスキーとヤングは, ウェブスター方式には大州・小州への偏りがないと主張した. また, このことを根拠にウェブスター方式が最善の配分方式と結論付けた.

▌ 4.3 困難な回帰

ウィルコックスはヒル方式よりウェブスター方式の偏りが小さいことを実証している. しかしながら, 彼の指示どおりに, 過去のデータを用いて, 配分方式の偏りを計算し直してみると, ウェブスター方式よりヒル方式の配分のほうが偏りが小さいことがしばしば生じる. そもそも, 人口の多い州や少ない州と言っても, あまり明確な

区別があるわけでもない．だから，大州小州のさまざまな定義の仕方で，議席配分の偏りがさまざまに変化する．そのことを考えると，ウェブスター方式の偏りがヒル方式の偏りより小さいと言い切ることは難しい．

ちなみに，大州小州を定義するウィルコックスの方法を用いると，1940年度の人口と配分結果から，つぎの結果が得られる．州の数は当時48で，デラウェア州，ワイオミング州，ネバダ州は人口が非常に少ないので，偏りの計算から除外される．残り45州の人口の平均より，大きい州を大州，小さい州を小州と定義する．配分は45州間で432議席を配分する．大州15州の取り分の和は282.3議席に対し，ヒル方式は計282議席，ウェブスター方式は計283議席をそれぞれ大州15州に与えている．この場合は，ヒル方式の配分のほうが偏りが小さい．

バリンスキーとヤングはウェブスター方式の偏りがゼロであると主張している．しかし，実際は，同方式には偏りがある．偏りがないというのは，平均的な意味であり，そのためには，かなり多くの事柄を仮定しなければならない．また，議席再配分は10年に一度であり，我々が体験できるのは10回もない．しかも，その数回の人口もあまり変化がない．だから，千年にも万年にもわたる結果は，あまり重要ではなく，次回の配分が重要である．それに，偏りが小さいことと，配分が人口に比例することは同じことではない．ウィルコックス以来，偏りが小さい配分方式が人口比例すると誤解され続けたと思われる．

最後に，ウェブスター方式とヒル方式のどちらもがベストな配分方式になれない理由を述べる．変数 $x > 0$ と $y > 0$ が比例するとは，もちろん，比例定数 $a > 0$ を用いて，$y = ax$ となる関係である．例えば，$y = 2x$ のとき，$x = 5$ ならば $y = 10$ であり，$x = 7$ ならば $y = 14$ である．しかしながら，これが観測値ならば，理論的にいくら比例していても，こうはならない．(x, y) の観測値が正の (x_i, y_i) $(i = 1, \ldots, n)$ とした場合，すべての観測値に対して，

$y_i = ax_i$ となるとは限らない。そのような場合，これらの観測値 (x_i, y_i) $(i = 1, \ldots, n)$ がどの程度比例しているのかを知ることはできるのであろうか？

すぐに思いつきそうな尺度は，

$$\sum_{i=1}^{n} \left(\frac{y_i}{x_i} - a \right)^2$$

であるが，x と y が比例するとは $x = (1/a)y$ でもあり，もうひとつ，対となる尺度，

$$\sum_{i=1}^{n} \left(\frac{x_i}{y_i} - \frac{1}{a} \right)^2$$

も考えられる。

州の数を s，議席総数を h，州 i の人口を p_i，州 i の議席数を a_i，総人口を π とする。p_i と a_i が比例している程度を測る 2 つの尺度は，上記の式より，

$$\sum_{i=1}^{s} a_i \left(\frac{p_i}{a_i} - \frac{\pi}{h} \right)^2$$

と，

$$\sum_{i=1}^{s} p_i \left(\frac{a_i}{p_i} - \frac{h}{\pi} \right)^2$$

と書ける。しかし，困ったことが発生する。すなわち，1 番目の尺度を最小にするのはヒル方式による議席配分であり，2 番目の尺度を最小にするのはウェブスター方式による議席配分である。

歴史的なことを考えれば，ヒル方式は現在，アメリカの下院議員の議席配分に使われており，ウェブスター方式はそれ以前に使われてきた。両方式の支持者間で長く激しい論争の末，ヒル方式支持者の完全勝利で論争が終わった。そのことは，1 番目の尺度が正しく，2 番目の尺度が正しくないことを意味している。しかしながら，比例関係に方向性があるわけではないので，この結論は間違っている。つまり，ヒル方式もウェブスター方式もどちらもベストな配分方式ではない。

以上のことから，ウィルコックスおよびバリンスキーとヤングは，

配分方式を現在のヒル方式からウェブスター方式に戻すことを主張
してきたが，それを正当化することは難しい．

第5章

情報理論と議席配分

■ 5.1 エントロピー

ハンティントンは2つの州の間で不平等を評価し，ウィルコックスおよびバリンスキーとヤングは大州と小州という2つのグループ間で不平等を評価している．2者間の不平等，つまり，全体ではなく一部分の不平等を調べている．これは扱いが簡単かもしれないが，すべての州で発生している不平等全体の評価を曖昧なものとしている．その代わりとして，州全体の不平等を一括して評価することはできないのであろうか？ そのために，情報理論で扱うエントロピーを利用してみる．より具体的に言えば，レニー[1]のエントロピー[2]を利用してみる．

レニーのエントロピーはシャノン[3]のエントロピーを一般化したものである．確率分布 $\mathcal{U} = (u_1, u_2, \ldots, u_n)$ を考える．ここで，n は正の整数で，$u_k > 0$ $(k = 1, 2, \ldots, n)$，さらに，$\sum_{k=1}^{n} u_k = 1$ である．また，正のパラメータ $\theta > 0$ を考える．このとき，レニーのエントロピーは $\theta \neq 1$ に対して，

$$H_\theta(\mathcal{U}) = \frac{1}{1-\theta} \log_2 \left(\sum_{k=1}^{n} u_k^\theta \right), \quad \theta > 0, \, \theta \neq 1 \tag{5.1}$$

と定義される．さらに，$\theta = 1$ に対しては，$H_1(\mathcal{U}) = \lim_{\theta \to 1} H_\theta(\mathcal{U})$ と定義される．実際に，極限を調べてみると，

$$\lim_{\theta \to 1} H_\theta(\mathcal{U}) = \lim_{\theta \to 1} \frac{1}{1-\theta} \log_2 \left(\sum_{k=1}^{n} u_k^\theta \right) = -\sum_{k=1}^{n} u_k \log_2 u_k$$

1) Alfréd Rényi (1921–1970). ハンガリーの数学者．特に，確率論での貢献は有名である．情報理論の分野では，シャノンのエントロピーとカルバック・ライブラー・ダイバージェンスの重要な一般化を行った．

2) エントロピーは，熱力学の研究で1865年に考案された概念である．そのときは，エネルギー÷温度として定義された．やがて，エントロピーは統計力学と情報理論でも定義されるようになった．統計学での解釈は，原子や分子の乱雑さの尺度であり，情報理論では情報量として定義されている．

3) Claude Shannon (1916–2001). 情報理論の考案者で情報理論の父と呼ばれる．エントロピーの概念を用いて情報量を定義した．彼のエントロピーは統計学のエントロピーと基本的には同一である．

となるので，$H_1(\mathcal{U})$ はシャノンのエントロピーに等しい．

　定義式から明らかであるが，エントロピーは分布に偏りがあれば
あるほどその値が 0 に近づき，分布が一様のとき，すなわち，$\mathcal{U} = (1/n, \ldots, 1/n)$ のとき最大値 $\log_2 n$ を実現する．言い換えれば，

$$0 < H_\theta(\mathcal{U}) \leq \log_2 n$$

の関係がある．

　州の数を s，州 i の人口を $p_i > 0$ とし，総人口を π とする．州 i
に配分された議席数を a_i とし，議席の総数を $h = \sum_{i=1}^s a_i$ とする．
このとき，州 i には a_i 個の同一サイズの小選挙区が作られるとすれ
ば，州 i の住人の 1 票の価値は a_i/p_i と定義できる．アメリカの全
国民にわたり，この 1 票の価値の総和を求める．このとき，1 票の
価値 a_i/p_i を持つ州 i の住人の数が p_i なので，1 票の価値の総和は，

$$\sum_{i=1}^s \left(\frac{a_i}{p_i} \right) \times p_i = \sum_{i=1}^s a_i = h$$

となる．よって，州 i の住人の 1 票の価値 a_i/p_i をさらに h で割り，
その値 $a_i/(hp_i)$ を「確率」とみなせば，

$$\mathcal{U} = \left(\overbrace{a_1/(hp_1), \ldots, a_1/(hp_1)}^{p_1}, \ldots, \overbrace{a_s/(hp_s), \ldots, a_s/(hp_s)}^{p_s} \right)$$

は確率分布と考えられ，このときのレニーのエントロピーは，

$$H_\theta(\mathcal{U}) = \frac{1}{1-\theta} \log_2 \left(\sum_{i=1}^s \left(\frac{a_i}{hp_i} \right)^\theta p_i \right), \quad \theta > 0,\, \theta \neq 1 \quad (5.2)$$

となる．また，シャノンのエントロピーは，

$$H_1(\mathcal{U}) = -\sum_{i=1}^s \left(\frac{a_i}{hp_i} \log_2 \frac{a_i}{hp_i} \right) \times p_i = -\sum_{i=1}^s \left(\frac{a_i}{h} \log_2 \frac{a_i}{hp_i} \right) \quad (5.3)$$

となる．

　議席数 a_i と人口 p_i が完全に比例したとき，すなわち，すべての州 i
に対して，hp_i/π がすべて整数になるとき，各 i に対して $a_i = hp_i/\pi$

とすれば，エントロピーの最大値は $\log_2 \pi$ となる．しかし，エント
ロピーが最大値 $\log_2 \pi$ に達することは，現実的にはあり得ないので，
可能な限りエントロピーを最大にする議席配分を考える．

5.2 ダイバージェンス（情報量）

2つの確率分布 $\mathcal{U} = (u_1, u_2, \ldots, u_n)$ と $\mathcal{V} = (v_1, v_2, \ldots, v_n)$ が与え
られたとする．ここで，$u_k > 0 \ (k = 1, 2, \ldots, n)$，かつ $\sum_{k=1}^{n} u_k = 1$
であり，$v_k > 0 \ (k = 1, 2, \ldots, n)$，かつ $\sum_{k=1}^{n} v_k = 1$ である．この
とき，両分布の近さを表す尺度として，カルバック・ライブラー・
ダイバージェンス[4]がよく知られている．これは，

$$I(\mathcal{U}||\mathcal{V}) = \sum_{k=1}^{n} u_k \log_2 \frac{u_k}{v_k}$$

と定義されている．レニーはこのカルバック・ライブラー・ダイバー
ジェンスを含むように，これをつぎのように一般化した．正のパラ
メータ $\theta > 0$ に対して，レニー・ダイバージェンスは $\theta \neq 1$ のとき，

$$I_\theta(\mathcal{U}||\mathcal{V}) = \frac{1}{\theta - 1} \log_2 \left(\sum_{k=1}^{n} u_k^\theta v_k^{1-\theta} \right), \quad \theta > 0, \ \theta \neq 1$$

と定義される．さらに，$\theta = 1$ のとき，$I_1(\mathcal{U}||\mathcal{V})$ は $\lim_{\theta \to 1} I_\theta(\mathcal{U}||\mathcal{V})$
で定義され，

$$\lim_{\theta \to 1} I_\theta(\mathcal{U}||\mathcal{V}) = \lim_{\theta \to 1} \frac{1}{\theta - 1} \log_2 \left(\sum_{k=1}^{n} u_k^\theta v_k^{1-\theta} \right) = \sum_{k=1}^{n} u_k \log_2 \frac{u_k}{v_k}$$

より，$I_1(\mathcal{U}||\mathcal{V})$ はカルバック・ライブラー・ダイバージェンスに等
しくなる．

レニーのエントロピーの式 (5.2) を変形すると，

$$H_\theta(\mathcal{U}) = \frac{1}{1 - \theta} \log_2 \left(\sum_{i=1}^{s} \left(\frac{a_i}{h p_i} \right)^\theta p_i \right)$$

$$= \frac{1}{1 - \theta} \log_2 \left(\pi^{1-\theta} \sum_{i=1}^{s} \left(\frac{a_i}{h} \right)^\theta \left(\frac{p_i}{\pi} \right)^{1-\theta} \right)$$

[4] これはカルバック (Solomon Kullback, 1907–1994) とライブラー (Richard Leibler, 1914–2003) が考案したものである．ダイバージェンスは情報量の1つであり，2つの分布間の差異をあらわす．例えば，理論的に定まった分布とそれに対応する観測データによる分布の差異をあらわす．

$$= \frac{-1}{\theta - 1} \log_2 \left(\sum_{i=1}^{s} \left(\frac{a_i}{h} \right)^{\theta} \left(\frac{p_i}{\pi} \right)^{1-\theta} \right) + \log_2 \pi$$

となる．いま，議席分布 $(a_1/h, a_2/h, \ldots, a_s/h)$ は $a_i/h > 0$ $(i = 1, 2, \ldots, s)$ かつ $\sum_{i=1}^{s} a_i/h = 1$ なので，これを確率分布 $\mathcal{A}$ とみなす．また，人口分布 $(p_1/\pi, p_2/\pi, \ldots, p_s/\pi)$ は $p_i/\pi > 0$ $(i = 1, 2, \ldots, s)$ かつ $\sum_{i=1}^{s} p_i/\pi = 1$ なので，これを確率分布 $\mathcal{P}$ とみなす．このように仮定すると，両分布のレニー・ダイバージェンスは，

$$I_{\theta}(\mathcal{A}\|\mathcal{P}) = \frac{1}{\theta - 1} \log_2 \left(\sum_{i=1}^{s} \left(\frac{a_i}{h} \right)^{\theta} \left(\frac{p_i}{\pi} \right)^{1-\theta} \right), \quad \theta > 0,\ \theta \neq 1$$

と書くことができる．よって，レニーのエントロピーは，

$$H_{\theta}(\mathcal{U}) = -I_{\theta}(\mathcal{A}\|\mathcal{P}) + \log_2 \pi$$

と書ける．同様に，式 (5.3) のシャノンのエントロピー $H_1(\mathcal{U})$ とカルバック・ライブラー・ダイバージェンス $I_1(\mathcal{A}\|\mathcal{P})$ の関係も，

$$H_1(\mathcal{U}) = -I_1(\mathcal{A}\|\mathcal{P}) + \log_2 \pi$$

となることが容易に確認できる．ここで，

$$I_1(\mathcal{A}\|\mathcal{P}) = -\sum_{i=1}^{s} \frac{a_i}{h} \log_2 \frac{a_i/h}{p_i/\pi}$$

である．上記の $H_{\theta}(\mathcal{U})$ と $H_1(\mathcal{U})$ の式の右辺の第 2 項 $\log_2 \pi$ は定数なので，エントロピーを最大にすることは，ダイバージェンス $I_{\theta}(\mathcal{A}\|\mathcal{P})$ を最小にすることに等価である．さらに，ダイバージェンス $I_{\theta}(\mathcal{A}\|\mathcal{P})$ は $\mathcal{A}$ から $\mathcal{P}$ までの有向距離（擬距離）と解釈されているので，これを最小化することは（有向距離の意味で）議席分布 $\mathcal{A}$ を人口分布 $\mathcal{P}$ にできるだけ近づけることを意味する．以上をまとめると，以下の定理が得られる：

定理 2. レニーのエントロピー $H_{\theta}(\mathcal{U})$ $(\theta > 0)$ の最大化はダイバージェンス $I_{\theta}(\mathcal{A}\|\mathcal{P})$ の最小化に等価で，この意味で議席分布 $\mathcal{A}$ を人口分布 $\mathcal{P}$ に最も近づける．

5.3 最大最小不等式

この節では，レニーのエントロピーの最大化を最大最小不等式で特徴付ける．いま，関数 $y = \log_2 x \ (x > 0)$ は狭義の増加関数であり，$0 < \theta < 1$ の範囲では $1/(1 - \theta) > 0$ であることに注意する．すると，$0 < \theta < 1$ の範囲では，式 (5.2) のレニーのエントロピーの最大化は対数の中の項，

$$\sum_{i=1}^{s} \left(\frac{a_i}{h p_i} \right)^{\theta} p_i = \frac{1}{h^{\theta}} \sum_{i=1}^{s} a_i^{\theta} p_i^{1-\theta} \tag{5.4}$$

の最大化に等価である．また，$\theta > 1$ の範囲では，$1/(1 - \theta) < 0$ なので，レニーのエントロピーの最大化は上記の式 (5.4) の最小化に等しい．式 (5.4) の h^{θ} は正の定数であるため，最大化や最小化には無関係である．よって，$\theta = 1$ を境にして，符号が変わる項 $1/(1 - \theta)$ を用いると，すべての範囲 $\theta > 0, \theta \neq 1$ に対し，エントロピーの最大化は，

$$\frac{1}{1 - \theta} \sum_{i=1}^{s} a_i^{\theta} p_i^{1-\theta}$$

の最大化，もしくは，この式を (-1) 倍した，

$$\frac{-1}{1 - \theta} \sum_{i=1}^{s} a_i^{\theta} p_i^{1-\theta} = \frac{1}{\theta - 1} \sum_{i=1}^{s} p_i^{1-\theta} a_i^{\theta}$$

の最小化に等しい．一方，式 (5.3) のシャノンのエントロピーの最大化は，h が正の定数であることに注意すると，

$$\sum_{i=1}^{s} a_i \log_2 \frac{a_i}{p_i}$$

の最小化に等しい．

以上のことから，レニーのエントロピーを最大にする議席配分は，

$$F_{\theta}(\boldsymbol{a}) = \frac{1}{\theta - 1} \sum_{i=1}^{s} p_i^{1-\theta} a_i^{\theta}, \quad \theta > 0, \ \theta \neq 1 \tag{5.5}$$

$$F_1(\boldsymbol{a}) = \sum_{i=1}^{s} a_i \log_2 \frac{a_i}{p_i} \tag{5.6}$$

と定義した関数 $F_\theta(\boldsymbol{a})$ の最小化により得られる.

つぎに,$F_\theta(\boldsymbol{a})$ の最小化を考える.最初に,$\theta \neq 1$ の場合を考える.各 i に対し,関数 $f_i(x)$ $(x > 0)$,

$$f_i(x) = \frac{x^\theta}{(\theta - 1)p_i^{\theta-1}} \tag{5.7}$$

を定義する.$\theta > 1$ のとき,当然,$\theta - 1 > 0$ であり,x^θ は狭義凸である.また,$0 < \theta < 1$ のとき,$\theta - 1 < 0$ であり,x^θ は狭義凹である.結局,$\theta \neq 1$ であれば,$f_i(x)$ $(x > 0)$ は狭義の凸関数となる.このように定義すると,式 (5.5) は $F_\theta(\boldsymbol{a}) = \sum_{i=1}^s f_i(a_i)$ となり,さらに,右辺の各項は,

$$f_i(a_i) = (f_i(a_i) - f_i(a_i - 1)) + \cdots + (f_i(2) - f_i(1)) + f_i(1)$$

と表現できる.ここで,差分関数 $u_i(x)$ $(x > 0)$,

$$u_i(x) = f_i(x + 1) - f_i(x) \tag{5.8}$$

を定義すると,

$$f_i(a_i) = \sum_{k=1}^{a_i-1} u_i(k) + f_i(1) \tag{5.9}$$

と書き直すことができる.ただし,$a_i = 1$ のとき,$\sum_{k=1}^{a_i-1} u_i(k) = 0$ と解釈する.関数 $f_i(x)$ は狭義凸なので,差分 $u_i(x)$ は狭義増加関数になる.いつものように,$F_\theta(\boldsymbol{a})$ を最小にする配分は唯一とすると,つぎの定理が得られる.S は州全体の集合で,T は 2 議席以上を受け取っている州の集合である.あとの議論にも活用するため,f_i は単に狭義凸と一般化する.

定理 3. 各州 $i \in S$ に対して,狭義の凸関数 $f_i(x)$ $(x > 0)$ と差分 $u_i(x) = f_i(x + 1) - f_i(x)$ を考える.さらに,$F(\boldsymbol{x}) = \sum_{i=1}^s f_i(x_i)$ を定める.h 議席の配分 $\boldsymbol{a}$ が他の任意の h 議席の配分 $\boldsymbol{b}$ に対して,$F(\boldsymbol{a}) < F(\boldsymbol{b})$ となるための必要十分条件はつぎの最大最小不等式:

$$\max_{i \in T} u_i(a_i - 1) < \min_{j \in S} u_j(a_j)$$

が成り立つことである.

　詳細な証明はあとで与える（付録 A 参照）. ここで, 十分大きな整数 N に対して, つぎの sN 個の数値の集合,

$$U = \{u_1(1), \ldots, u_1(N), u_2(1), \ldots, u_2(N), \ldots, u_s(1), \ldots, u_s(N)\}$$

を考えてみる. $x_i \, (1 \le i \le s)$ はすべて 1 以上の整数とし, $\sum_{i=1}^{s} x_i = h$ という制約のもとで, 狭義凸関数の和 $F(\boldsymbol{x}) = \sum_{i=1}^{s} f_i(x_i)$ を最小にしたい. このとき, 式 (5.9) より,

$$F(\boldsymbol{x}) = \sum_{i=1}^{s} f_i(x_i) = \sum_{i=1}^{s} \sum_{k_i=1}^{x_i-1} u_i(k_i) + \sum_{i=1}^{s} f_i(1)$$

となり, この式の右辺の第 2 項は定数であることに注意すると, $F(\boldsymbol{x})$ を最小にする x_i の値の決定は明らかである. 具体的には, sN 個の数値の集合 U から最小の $h-s$ 個の数値を選べばよい. このとき, 州 i から, 選ばれた数値の数を $n_i \ge 0$ とすれば, $a_i = n_i + 1 \, (1 \le i \le s)$ が $F(\boldsymbol{x})$ を最小にする h 議席の配分となる. 一方, 最大最小不等式 $\max_{i \in T} u_i(a_i - 1) < \min_{j \in S} u_j(a_j)$ も, 2.4 節のランク法と同じように考えれば, この最大最小不等式は sN 個の数値の集合 U から最小の $h-s$ 個の数値を選ぶことを要求し, 配分 $a_i = n_i + 1 \, (1 \le i \le s)$ が定められる. 要するに, $F(\boldsymbol{x})$ の最小化も最大最小不等式の成立化も, 共に, 集合 U から最小の $h-s$ 個の数値を選ぶことを意味する. だから, $F(\boldsymbol{x})$ の最小化と最大最小不等式の成立化とは同じことである.

　$\theta = 1$ のとき, つまり, シャノンのエントロピーを最大にする場合, 関数 $f_i(x)$ を $f_i(x) = x \log_2(x/p_i) \, (x \ge 0)$ とおくと, これは狭義凸なので, $\theta = 1$ の場合も上記の定理 3 が適用できる.

76 | 第 5 章 情報理論と議席配分

■ 5.4 ストラスキー平均

レニーのエントロピーを最大にする配分方式はストラスキー平均を丸め関数に持つ除数方式であることを次節で示す．その準備として，ストラスキー平均を説明する．この平均はつぎのようにして導かれる．

正の 2 数 $a > b > 0$ に対して，平均値の定理より関数 $f(x)$ が微分可能であれば $f'(c) = (f(a) - f(b))/(a - b)$ となる $b < c < a$ が存在する．関数 $f'(x)$ が逆関数を持てば，この式は，

$$c = (f')^{-1} \left(\frac{f(a) - f(b)}{a - b} \right), \qquad a > b > 0$$

と表現される．このとき，この式の右辺を a と b の平均と考える．例えば，$f(x) = x^2$ に選ぶと，上式の右辺は $(a+b)/2$ となり，a と b の算術平均が得られる．$f(x) = 1/x$ とすれば，$\sqrt{ab}$ となり，幾何平均が求まる．$f(x) = \log x$ では，対数平均 $(a - b)/(\log a - \log b)$，$f(x) = x \log x$ では，アイデントリック平均 $(1/e)\sqrt[a-b]{a^a/b^b}$ が得られる．さらに，$f(x) = x^r \ (r \neq 0, 1)$ を考えると，ストラスキー平均，

$$\left(\frac{a^r - b^r}{r(a - b)} \right)^{\frac{1}{r-1}}, \qquad r \neq 0, 1, \quad a > b > 0$$

が得られる．上記の説明より，$r = 2$ ならば，ストラスキー平均は算術平均に等しく，$r = -1$ ならば，ストラスキー平均は幾何平均に等しい．また，$r = 0, 1$ の場合のストラスキー平均は以下の極限操作で定義されている．つまり，$r = 0, 1$ のときはそれぞれ，

$$\lim_{r \to 0} \left(\frac{a^r - b^r}{r(a - b)} \right)^{\frac{1}{r-1}} = \frac{a - b}{\log \frac{a}{b}}$$

および，

$$\lim_{r \to 1} \left(\frac{a^r - b^r}{r(a - b)} \right)^{\frac{1}{r-1}} = \frac{1}{e} \sqrt[a-b]{\frac{a^a}{b^b}}$$

となる．前者は対数平均であり，後者はアイデントリック平均である．さらに，ストラスキー平均は r に関して狭義増加であり，

$$\lim_{r \to -\infty} \left(\frac{a^r - b^r}{r(a-b)} \right)^{\frac{1}{r-1}} = b, \quad \lim_{r \to \infty} \left(\frac{a^r - b^r}{r(a-b)} \right)^{\frac{1}{r-1}} = a$$

を満たす．以下で必要となるものは正の実数 x と $x+1$ のストラスキー平均だけなので，これを $\mathcal{S}(x,r)$ と書くことにする．すなわち，$r \neq 0,1$ のとき，

$$\mathcal{S}(x,r) = \left(\frac{(x+1)^r - x^r}{r} \right)^{\frac{1}{r-1}}$$

となり，$r = 0,1$ のときは，それぞれ，

$$\mathcal{S}(x,0) = \frac{1}{\log \frac{x+1}{x}}, \quad \mathcal{S}(x,1) = \frac{1}{e} \frac{(x+1)^{x+1}}{x^x}$$

となる．さらに，以下の議論で必要となるので，形式的に $\mathcal{S}(0,r) = 0$ と定義しておく．これは $d(0) = 0$ の定義に対応する．

5.5 エントロピーを最大にする配分方式

つぎに，エントロピーを最大にする議席配分方式が除数方式であることを示す．まず，$\theta \neq 1, \theta > 0$ の場合を考える．狭義の凸関数 $f_i(x)$ の定義式 (5.7) とその差分関数 $u_i(x)$ の定義式 (5.8) より，差分，

$$\begin{aligned} u_i(a_i) &= f_i(a_i + 1) - f_i(a_i) \\ &= \frac{(a_i + 1)^\theta}{(\theta - 1)p_i^{\theta - 1}} - \frac{a_i^\theta}{(\theta - 1)p_i^{\theta - 1}} \\ &= \frac{1}{\theta - 1} \frac{(a_i + 1)^\theta - a_i^\theta}{p_i^{\theta - 1}} \end{aligned}$$

は，ストラスキー平均，

$$\mathcal{S}(a_i, \theta) = \left(\frac{(a_i + 1)^\theta - a_i^\theta}{\theta} \right)^{\frac{1}{\theta - 1}}, \qquad \theta \neq 0,1$$

を用いると，

$$u_i(a_i) = \frac{\theta}{\theta - 1} \left(\frac{\mathcal{S}(a_i, \theta)}{p_i} \right)^{\theta - 1}, \qquad \theta \neq 1, \theta > 0$$

と書き直せる．関数 $y = \theta/(\theta-1)x^{\theta-1}$ $(x > 0, \theta \neq 1, \theta > 0)$ は x の狭義増加関数なので，$x_1 > x_2 > 0$ ならば $\theta/(\theta-1)x_1^{\theta-1} > \theta/(\theta-1)x_2^{\theta-1}$ であり，この逆の関係も成り立つ．このことに注意して，5.3 節の定理 3 の内容を書き換えるとつぎのようになる．配分 $(a_1', \ldots, a_s')$ が $F_\theta(\boldsymbol{a})$ を最小にする必要十分条件は不等式，

$$\max_{i \in T} \frac{\mathcal{S}(a_i' - 1, \theta)}{p_i} < \min_{j \in S} \frac{\mathcal{S}(a_j', \theta)}{p_j}$$

を満たすことになる．この不等式を書き直すと，

$$\max_{j \in S} \frac{p_j}{\mathcal{S}(a_j', \theta)} < \min_{i \in T} \frac{p_i}{\mathcal{S}(a_i' - 1, \theta)}$$

となり，2.3 節の定理 1 より，$F_\theta(\boldsymbol{a})$ $(\theta > 0,\ \theta \neq 1)$ を最小にする配分方式はストラスキー平均 $\mathcal{S}(n, \theta)$ を丸め関数 $d(n)$ に持つ除数方式であるということが分かる．

つぎに，$\theta = 1$ の場合を考える．このときの差分 $u_i(a_i)$ は，

$$u_i(a_i) = \log_2 \frac{\mathcal{S}(a_i, 1)}{p_i} + \log_2 e$$

と書き直せる．関数 $y = \log_2 x + \log_2 e$ $(x > 0)$ は狭義増加関数なので，$x_1 > x_2 > 0$ ならば $\log_2 x_1 + \log_2 e > \log_2 x_2 + \log_2 e$ であり，この逆の関係も成り立つ．よって，上記と同様の理由から，$\theta = 1$ のとき，$F_\theta(\boldsymbol{a})$ を最小にする配分方式は $\mathcal{S}(n, 1)$ を丸め関数に持つ除数方式であるということが分かる．以上のことより，つぎの定理が得られる：

定理 4. レニーのエントロピー $H_\theta(\mathcal{U})$ $(\theta > 0)$ を最大にする配分方式は丸め関数 $\mathcal{S}(n, \theta)$ を持つ除数方式である．$\theta = 2$ ならば配分方式はウェブスター方式である．

▎ 5.6　もう 1 つのエントロピーの最大化

これまで用いてきた 1 票の価値 a_i/p_i は，州 i に配分される議席数が a_i であるので，その州の住民の 1 人当たり議席数を意味する．

全国にわたり，この1票の価値が等しくなるように議席を配分することを目標にしてきた．しかしながら，これの逆数 p_i/a_i，つまり，選挙区サイズを等しくすることも同じように道理至極である．

以前と同じように，$p_i/(\pi a_i)$ を確率とみなし，確率分布を，

$$
\mathcal{W} = \left(\overbrace{p_1/(\pi a_1), \ldots, p_1/(\pi a_1)}^{a_1}, \ldots, \overbrace{p_s/(\pi a_s), \ldots, p_s/(\pi a_s)}^{a_s} \right)
$$

としたレニーのエントロピーは，

$$
H_\omega(\mathcal{W}) = \frac{1}{1-\omega} \log_2 \left(\sum_{i=1}^{s} \left(\frac{p_i}{\pi a_i} \right)^\omega a_i \right), \quad \omega > 0,\ \omega \neq 1 \quad (5.10)
$$

となり，シャノンのエントロピーは，

$$
H_1(\mathcal{W}) = -\sum_{i=1}^{s} \left(\frac{p_i}{\pi} \log_2 \frac{p_i}{\pi a_i} \right) \tag{5.11}
$$

となる．さらに，人口分布 $\mathcal{P}$ と議席分布 $\mathcal{A}$：

$$
\mathcal{P} = (p_1/\pi, p_2/\pi, \ldots, p_s/\pi), \quad \mathcal{A} = (a_1/h, a_2/h, \ldots, a_s/h)
$$

に対するレニー・ダイバージェンスは，

$$
I_\omega(\mathcal{P}\|\mathcal{A}) = \frac{1}{\omega - 1} \log_2 \left(\sum_{i=1}^{s} \left(\frac{p_i}{\pi} \right)^\omega \left(\frac{a_i}{h} \right)^{1-\omega} \right), \quad \omega > 0,\ \omega \neq 1
$$

となり，カルバック・ライブラー・ダイバージェンスは，

$$
I_1(\mathcal{P}\|\mathcal{A}) = -\sum_{i=1}^{s} \frac{p_i}{\pi} \log_2 \frac{p_i/\pi}{a_i/h}
$$

となる．これらは $\mathcal{P}$ から $\mathcal{A}$ までの有向距離である．さらに，エントロピーとの関係式，

$$
H_\omega(\mathcal{W}) = -I_\omega(\mathcal{P}\|\mathcal{A}) + \log_2 h, \quad \omega > 0,\ \omega \neq 1
$$

および，

$$
H_1(\mathcal{W}) = -I_1(\mathcal{P}\|\mathcal{A}) + \log_2 h
$$

が導かれる．よって，つぎの定理が得られる：

定理 5. レニーのエントロピー $H_\omega(\mathcal{W})$ $(\omega > 0)$ の最大化はダイバージェンス $I_\omega(\mathcal{P}||\mathcal{A})$ の最小化に等価で，この意味で議席分布 $\mathcal{A}$ を人口分布 $\mathcal{P}$ に最も近づける．

この定理の文章の後半は妙に思えるかも知れない．ダイバージェンス $I_\omega(\mathcal{P}||\mathcal{A})$ は点 $\mathcal{P}$ から点 $\mathcal{A}$ までの有向距離と定義している．すると，点 $\mathcal{P}$ を点 $\mathcal{A}$ に近づけるように感じられる．しかし，人口は固定されており，点 $\mathcal{P}$ は動かない．一方，議席は変化するので，点 $\mathcal{A}$ は動く．だから，この定理では，ダイバージェンス $I_\omega(\mathcal{P}||\mathcal{A})$ を最小にするように点 $\mathcal{A}$ を動かし，点 $\mathcal{P}$ に近づけるという意味である．これは 5.2 節の定理 2 とは異なる近づけ方で，ちょうど反対の概念である．

レニーのエントロピー最大化は，

$$F_\omega(\boldsymbol{a}) = \frac{1}{\omega - 1} \sum_{i=1}^{s} p_i^\omega a_i^{1-\omega}, \quad \omega > 0, \ \omega \neq 1 \tag{5.12}$$

$$F_1(\boldsymbol{a}) = \sum_{i=1}^{s} p_i \log_2 \frac{p_i}{a_i} \tag{5.13}$$

と定義した関数 $F_\omega(\boldsymbol{a})$ の最小化により実現できる．

以前の議論と同様にすれば，$F_\omega(\boldsymbol{a})$ を最小にする配分方式が除数方式であることが分かり，それに伴う丸め関数はストラスキー平均 $\mathcal{S}(n, 1-\omega)$ $(\omega > 0)$ であることが導かれる．以上のことより，つぎの定理が得られる：

定理 6. レニーのエントロピー $H_\omega(\mathcal{W})$ $(\omega > 0)$ を最大にする配分方式は丸め関数 $\mathcal{S}(n, 1-\omega)$ を持つ除数方式である．$\omega = 2$ ならば配分方式はヒル方式である．

5.7 妥当な配分方式

この章に現れたエントロピーを最大にする配分方式はパラメータ $\theta > 0$ を持つ配分方式 $\mathcal{S}(n, \theta)$ と，$\omega > 0$ を持つ配分方式 $\mathcal{S}(n, 1-\omega)$ の 2 クラスがある．前者は 1 票の価値として，1 人当たり議席数 a_i/p_i を採用し，後者はその逆数の選挙区サイズ p_i/a_i を採用している．$\theta = 2$ ではウェブスター方式，$\theta \to +\infty$ の極限では，ジェファソン方式が得られる．さらに，$\omega = 2$ ではヒル方式，$\omega \to +\infty$ の極限では，アダムズ方式が得られる．これらを表 5.1 にまとめている．

表 5.1 配分方式 $\mathcal{S}(n, \theta)$ と配分方式 $\mathcal{S}(n, 1-\omega)$

$\theta > 0$	$\theta = 2$	$\theta \to +\infty$
$d(n)$	$n + 0.5$	$n + 1$
配分方式 $\mathcal{S}(n, \theta)$	ウェブスター	ジェファソン
$\omega > 0$	$\omega = 2$	$\omega \to +\infty$
$d(n)$	$\sqrt{n(n+1)}$	n
配分方式 $\mathcal{S}(n, 1-\omega)$	ヒル	アダムズ

ハンティントンやチェイフィーをはじめとするヒル方式支持者たちは，a_i/p_i および p_i/a_i の両方の格差の均等化を声を大にして主張してきた．確かに，一方が他方より重要と言うことはできないので，両者の格差の均等化は避けられない．エントロピーとは乱雑さの度合いを表しているので，エントロピー $H_\theta(\mathcal{U})$ $(\theta > 0)$ の最大化は a_i/p_i の均等化を，エントロピー $H_\omega(\mathcal{W})$ $(\omega > 0)$ の最大化は p_i/a_i の均等化を意味するものと解釈できる．その意味で，a_i/p_i および p_i/a_i の一方だけでなく，両方の均等化を望むのであれば，それはこれら 2 つのエントロピーの最大化を意味する．ただし，それが可能なのは，限られた場合だけで，$0 < \theta < 1$ と $0 < \omega < 1$ の範囲だけである．実は，$0 < \theta < 1$ の範囲のパラメータ θ を持つ配分方式 $\mathcal{S}(n, \theta)$ と $0 < \omega < 1$ の範囲のパラメータ ω を持つ配分方式 $\mathcal{S}(n, 1-\omega)$ は $\theta + \omega = 1$ のとき，両者は同一の配分方式を表す．実際，このとき，$\mathcal{S}(n, \theta) = \mathcal{S}(n, 1-\omega)$ となり，両者の丸め関数が一致し，両者の配

分方式は同一となる（5.5 節の定理 4 と 5.6 節の定理 6 参照）．この
ことは，$0 < r < 1$ を満たすパラメータ r を持つ配分方式 $\mathcal{S}(n, r)$ が
a_i/p_i と p_i/a_i の両方の格差の均等化をしており，我々が対象とすべ
き配分方式であることを意味している．

よって，その範囲外の，つまり，$\theta = 2$（$r = 2$）のウェブスター方
式は a_i/p_i を均等化しているが，p_i/a_i を均等化するわけではない．
同様に，$\omega = 2$（$r = -1$）のヒル方式は p_i/a_i を均等化しているが，
a_i/p_i を均等化するわけではない．$\theta = 2$（$r = 2$）のウェブスター方
式や $\omega = 2$（$r = -1$）のヒル方式は妥当な配分方式とは言えない．

第6章

ベストな配分方式

6.1 最適化から除数方式へ

いつものように，州の数を s，議席の総数を h，総人口を π，州 i の人口を p_i，同州の議席数を a_i と書く．以前に述べたように，ウェブスター方式の配分は，

$$\sum_{i=1}^{s} p_i \left(\frac{a_i}{p_i} - \frac{h}{\pi} \right)^2 = \sum_{i=1}^{s} \frac{a_i^2}{p_i} - \frac{h^2}{\pi} \tag{6.1}$$

を最小にする．左辺は，1人当たり議席数 a_i/p_i の全国平均 h/π からの偏差の自乗の総和を表している．平均からの偏差の自乗の総和を，国全体で発生している（a_i/p_i で定義した1票の価値の）不平等の度合いと考えれば，右辺の $\sum a_i^2/p_i$ も（定数 h^2/π だけ値がズレるが）国全体での不平等の度合いを表わしている．すると，左辺の第 i 項 $p_i(a_i/p_i - h/\pi)^2$ は州 i で発生している不平等の度合いと考えられ，右辺の第 i 項 a_i^2/p_i も州 i で発生している不平等の度合いと考えられる．だから，a_i^2/p_i を p_i で除した a_i^2/p_i^2 は1人当たりの不平等の度合いを表す．2変数 $x > 0$ と $y > 0$ のなめらかな関数[1] $f(x,y)$ を考え，$f(a_i, p_i)$ を1人当たりの不平等の度合いとして一般化し，$\sum p_i f(a_i, p_i)$ を最小にする配分を考えてみる．式 (6.1) のウェブスター方式の場合，$f(x,y) = x^2/y^2$ となっている．

さらに，ヒル方式の配分は関数，

$$\sum_{i=1}^{s} a_i \left(\frac{p_i}{a_i} - \frac{\pi}{h} \right)^2 = \sum_{i=1}^{s} \frac{p_i^2}{a_i} - \frac{\pi^2}{h} \tag{6.2}$$

を最小にする．同じように，右辺の第 i 項の p_i^2/a_i の意味を考える

---

1) 連続関数 $f(x)$ に対し，導関数 $f'(x)$ が存在し，かつ，$f'(x)$ が連続関数のとき，$f(x)$ は C^1 級と言う．同様に，$f''(x)$ が存在し，かつ，$f''(x)$ が連続関数のとき，$f(x)$ は C^2 級と言う．これを拡張すれば，C^n 級の関数（n は自然数）も考えることができる．なめらかな関数というのは，n を特定せず，C^n 級の関数のことを意味する．

と，州 i で発生している（p_i/a_i で定義した 1 票の価値の）不平等の度合いを表している．だから，p_i^2/a_i を a_i で除した p_i^2/a_i^2 は 1 議席当たりの不平等の度合いを表す．以前同様に，2 変数 $x > 0$ と $y > 0$ のなめらかな関数 $g(x,y)$ を考え，一般化した $\sum a_i g(a_i, p_i)$ を最小にする配分も考えてみる．式 (6.2) のヒル方式の場合，$g(x,y) = y^2/x^2$ となっている．ただし，$a_i g(a_i, p_i) = p_i(a_i/p_i)g(a_i, p_i)$ と書き直せるので，$(a_i/p_i)g(a_i, p_i)$ を改めて $f(a_i, p_i)$ とすれば，$\sum p_i f(a_i, p_i)$ の最小化に帰着できる．このとき，1 議席当たりの不平等の度合い $g(a_i, p_i)$ を 1 人当たりの不平等の度合い $f(a_i, p_i)$ に換算し直したと考えることができる．だから，式 (6.2) のヒル方式の場合，

$$f(x,y) = (x/y)g(x,y) = (x/y)(y^2/x^2) = y/x$$

となっている．以下，関数 $f(x,y)$ を「1 票の不平等関数」と呼ぶ．

　以上のことから，我々の最適化問題では，各変数 x_i $(1 \leq i \leq s)$ は 1 以上の整数とし，等式 $\sum_{i=1}^s x_i = h$ を満たす条件下で，関数 $\sum_{i=1}^s p_i f(x_i, p_i)$ を最小にする配分を見つける．この最適化により議席配分が定まるが，これを配分方式 f と呼ぶ．関数 $\sum p_i f(x_i, p_i)$ は変数分離形[2]をしているが，このことは配分方式が満たすべき一様性の性質そのものといえる．2 州 i, j の不平等の最小化は他の州の不平等の最小化には独立であるべきで，2 州 i, j の不平等の度合いは 2 州 i, j のデータだけで表現されるべきである．さらに，2 州 $i, k \neq j$ の不平等の最小化も他の州の不平等の最小化には独立であるべきで，2 州 i, k の不平等の度合いは 2 州 i, k のデータだけで表現されるべきである．だから，州 i の不平等の度合いは州 i のデータだけで表現されるべきで，国全体の不平等の度合いは各州の不平等の度合いの総和となるべきである．

　つぎに，差分関数 $u(x,y) = yf(x+1,y) - yf(x,y)$ $(x > 0,\ y > 0)$ を定義する．このとき，$u(a_i, p_i)$ は人口が p_i の州 i において，議席が 1 増えたときの州 i で生じる不平等の変化量を表している．いま，人口が等しい 2 州（州 1 と州 2 の人口が p）があり，州 1 には a 議

---

2) 2 変数の関数 $f(x,y)$ が，例えば，$f(x,y) = g(x)h(y)$，$f(x,y) = g(x) + h(y)$ となるとき，$f(x,y)$ は変数分離形の関数と呼ばれる．変数の数が 2 より多い場合にも変数分離形という用語は使われている．

席が与えられ，州2には$a+1$議席が与えられていたとする．この
とき，どちらかの州に，1議席の追加をするのであれば，当然，州
1を選ぶはずである．人口の等しい2州間で$2(a+1)$議席を分け合
うならば，平等配分$(a+1, a+1)$は不平等配分$(a, a+2)$より，明
らかに，好ましい．だから，1議席を追加するならば，州1に追加
したほうが，不平等の変化量は小さいはずで，$u(a, p) < u(a+1, p)$
となるべきである．だから，$u(x, y)$はxに関して狭義増加とするの
が妥当である．あるいは，不等式$u(a, p) < u(a+1, p)$を書き換える
と，$pf(a+1, p) - pf(a, p) < pf(a+2, p) - pf(a+1, p)$となり，

$$f(a+1, p) < \frac{f(a, p) + f(a+2, p)}{2}$$

と書ける．このことから，$f(x, y)$はxに関して狭義凸とするのも妥
当である．議席数に関して，適正な値からのズレが大きくなればな
るほど，不平等の増加量は大きくなり，経済学でいう「限界効用逓
減の法則」[3]に似ている．

　今度は，人口の少ない州（人口をp_1とする）と人口の多い州（人
口をp_2とする）が同じ議席数（a議席とする）を与えられていたと
する．このとき，どちらかの州に，1議席の追加をするのであれば，
当然，人口の多い州を選ぶはずである（弱人口単調性）．だから，人
口が多い州ほど，1議席の増加による不平等の変化量は小さくあるべ
きで，$p_1 < p_2$ならば，$u(a, p_1) > u(a, p_2)$，すなわち，関数$u(x, y)$
はyに関して狭義減少とするのが妥当である．

　いまから，配分方式fが除数方式となるのに必要とされる関数
$f(x, y)$の性質を明らかにしていく．配分方式fが除数方式になるた
めには，対称性，弱比例性，同次性，一様性，弱人口単調性の5つ
の性質を満たす必要がある（2.6節参照）．

【対称性】$\sum p_i f(a_i, p_i)$は変数分離形となっており，そのため，対称
性は満たされている．

3) 経済学の用語．財が1単位増加したときの効用の増加量を限界効用と言う．例えば，カタログギフトをもらったとき，カタログの中から好きな1点をもらったときのうれしさが効用の増加量である．もし，2点もらえるならば，2点目をもらったときのうれしさは1点目のうれしさよりも小さくなる．さらに，3点目をもらうならば，うれしさはさらに小さくなる．これを一般化したものが，限界効用逓減の法則である．

【弱比例性】これに関しては，議席総数 h と人口 $(p_1, \ldots, p_s)$ に対し，すべての取り分 q_i が正の整数であれば，これが唯一の配分となればいいので，これを表現するためには，すべての州の取り分 q_i が正の整数のとき，他の任意の配分 $(a_1, \ldots, a_s)$ に対して不等式 $\sum p_i f(q_i, p_i) < \sum p_i f(a_i, p_i)$ を仮定すればよい．もしくは，$f(x, y)$ は x に関して狭義凸なので，当然，$yf(x, y)$ も x に関して狭義凸となり，5.3 節の定理 3 より，最大最小不等式が成り立つと仮定してもよい．すなわち，すべての州の取り分 q_i が正の整数のとき，差分関数 $u(x, y) = yf(x+1, y) - yf(x, y)$ を用いて，

$$\max_{i \in T} u(q_i - 1, p_i) < \min_{j \in S} u(q_j, p_j)$$

が成り立つと仮定すると，弱比例性が満たされる．ここで，$S = \{1, \ldots, s\}$，$T = \{i \mid q_i \geq 2, i \in S\}$ である．

【同次性】これは，$\sum p_i f(a_i, p_i)$ を最小にする配分と，任意の $t > 0$ に対して $\sum tp_i f(a_i, tp_i)$ を最小にする配分が同一であればよい．いま，州の人口が 2 倍になれば，式 (6.1) のウェブスター方式の場合，各州での不平等の度合いは半分になり，式 (6.2) のヒル方式の場合，それは 4 倍になる．一般に，州の人口が $t > 0$ 倍になれば，州の不平等の度合いは，$p_i f(a_i, p_i)$ から $tp_i f(a_i, tp_i)$ に変化する．そのときの倍率 $tp_i f(a_i, tp_i)/(p_i f(a_i, p_i))$ は，各州，同一の値となるべきで，a_i や p_i の値には無関係に決まるべきである．だから，任意の $t > 0$ について，適当な $P(t) > 0$ を用いると，各州に対して，$tp_i f(a_i, tp_i) = P(t)p_i f(a_i, p_i)$ と仮定するのが妥当である．その結果，$\sum tp_i f(a_i, tp_i) = P(t) \sum p_i f(a_i, p_i)$ となるが，この右辺に任意の t の項 $Q(t)$ を加えても，右辺の値を最小にする配分は変わらないので，$\sum tp_i f(a_i, tp_i) = P(t) \sum p_i f(a_i, p_i) + Q(t)$ と仮定してもよい．もしくは，$f(x, ty) = A(t)f(x, y) + B(t) + C(t)x/y$ となる $A(t) > 0$，$B(t)$，$C(t)$ が存在すると仮定しても，これと同じ結果が得られる．なぜならば，

$$\sum_{i=1}^{s} tp_i f(a_i, tp_i) = \sum_{i=1}^{s} tp_i \Big(A(t) f(a_i, p_i) + B(t) + C(t) a_i / p_i \Big)$$

となるが，$\sum p_i = \pi$ と $\sum a_i = h$ に注意すると，

$$\sum_{i=1}^{s} tp_i f(a_i, tp_i) = tA(t) \sum_{i=1}^{s} p_i f(a_i, p_i) + tB(t)\pi + tC(t)h$$

となり，ここで $P(t) = tA(t) > 0$，$Q(t) = \pi tB(t) + htC(t)$ とおけば，

$$\sum_{i=1}^{s} tp_i f(a_i, tp_i) = P(t) \sum_{i=1}^{s} p_i f(a_i, p_i) + Q(t)$$

が成り立つからである．この結果，$\sum p_i f(a_i, p_i)$ を最小にする配分と，任意の $t > 0$ に対して $\sum tp_i f(a_i, tp_i)$ を最小にする配分が同一となる．だから，1 票の不平等関数に関して，$f(x, ty) = A(t)f(x, y) + B(t) + C(t)x/y$ となる $A(t) > 0$，$B(t)$，$C(t)$ の存在を仮定すると，同次性が満たされる．

【一様性】配分方式 f が配分 $(a_1, \ldots, a_s)$ を定めるとき，つまり，変数 x_i $(1 \le i \le s)$ は 1 以上の整数，かつ，$\sum_{i=1}^{s} x_i = h$ という制約条件のもとで，目的関数 $\sum_{i=1}^{s} p_i f(x_i, p_i)$ を最小にする解が $x_i = a_i$ $(1 \le i \le s)$ のとき，$2 \le n \le s-1$ の範囲内の各整数 n に対し，整数 $x_i \ge 1$ $(1 \le i \le n)$ かつ $\sum_{i=1}^{n} x_i = \sum_{i=1}^{n} a_i$（右辺は定数になっていることに注意）という制約条件のもとで，目的関数 $\sum_{i=1}^{n} p_i f(x_i, p_i)$ を最小にする解が $x_i = a_i$ $(1 \le i \le n)$ となることを示せばよい．いま，配分 $(a_1, \ldots, a_s)$ が $\sum_{i=1}^{s} p_i f(x_i, p_i)$ を最小にしているので，差分関数 $u(x, y) = yf(x+1, y) - yf(x, y)$ を用いて，5.3 節の定理 3 より，最大最小不等式：

$$\max_{i \in T} u(a_i - 1, p_i) < \min_{j \in S} u(a_j, p_j)$$

が成り立つ．ここで，$S = \{1, \ldots, s\}$，$T = \{i \mid a_i \ge 2, i \in S\}$ である．つぎに，集合 S と T をそれぞれ集合 $S' = \{1, \ldots, n\}$ と $T' = T \cap \{1, \ldots, n\}$ に限定しても，上記の最大最小不等式は成り立つの

で，再び，定理 3 より，$\sum_{i=1}^{n} p_i f(x_i, p_i)$ を最小にする解が $x_i = a_i$ ($1 \leq i \leq n$) となり，一様性が満たされていることが分かる．

【弱人口単調性】議席総数 h と人口 $(p_1, \ldots, p_s)$ に対し，配分方式 f が配分 $(a_1, \ldots, a_s)$ を与えたとする．このとき，$p_i < p_j$ ならば $a_i \leq a_j$ となることを示せばよい．矛盾を導くために，ある 2 州 i と j に対して，$p_i < p_j$ かつ $a_i > a_j$ と仮定する．各州に 1 議席は配分されるので，後者の不等式 $a_i > a_j$ は $a_i \geq 2$ を意味する．配分 $(a_1, \ldots, a_s)$ は $\sum p_i f(x_i, p_i)$ を最小にするので，2 議席以上を受け取る州 i と別の州 j に関して，定理 3 の最大最小不等式より，

$$u(a_i - 1, p_i) < u(a_j, p_j)$$

4) 高等学校の数学 III で使われているが, 関数のグラフが「下に凸」となる関数を凸関数と呼び,「上に凸」となる関数を凹関数と呼ぶことが多い. 凸関数 $f(x)$ のグラフに対して, 任意の異なる 2 点 $(a, f(a))$, $(b, f(b))$ を結ぶ線分が曲線 $(x, f(x))$ $(a < x < b)$ より完全に上に位置するとき, 狭義凸関数と言う.

となる．$f(x, y)$ の x に関する狭義凸性[4]より $u(x, y)$ は x の狭義増加となる．だから，$a_i > a_j$ つまり $a_i - 1 \geq a_j$ の関係に対して，

$$u(a_i - 1, p_i) \geq u(a_j, p_i)$$

となる．一方，差分関数 $u(x, y)$ は y に関して狭義減少なので，$p_i < p_j$ の関係は $u(a_j, p_i) > u(a_j, p_j)$ を導く．これら 3 つの不等式を並べると，

$$u(a_j, p_j) > u(a_i - 1, p_i) \geq u(a_j, p_i) > u(a_j, p_j)$$

となり，先頭と最後の項が同一なので，矛盾が生じている．よって，$p_i < p_j$ ならば $a_i \leq a_j$ となり，弱人口単調性が示された．

以上のことから，下記の 4 つの性質は妥当なものであり，これらを満たす配分方式 f は除数方式となる：

(1) $f(x, y)$ は x に関して狭義凸とする．

(2) $u(x, y)$ は y に関して狭義減少とする．

(3) 取り分の値がすべて整数ならば，それに対応する最大最小不等式が成り立つ．

(4) 任意の $t > 0$ について，$f(x, ty) = A(t)f(x, y) + B(t) + C(t)x/y$ となる $A(t) > 0$，$B(t)$，$C(t)$ が存在する．

6.2 除数方式から最適化へ

ここでは，すべての除数方式は，適当に関数 $f(x, y)$ を定義すると，配分方式 f として記述できることを示す．最初に，定理 1（2.3 節）のハンティントンの不等式と定理 3（5.3 節）の最大最小不等式を対応させる．ハンティントンの不等式を分母分子を逆にして書くと，

$$\max_{j \in T} d(a_j - 1)/p_j < \min_{i \in S} d(a_i)/p_i$$

となり，最大最小不等式は，

$$\max_{j \in T} u(a_j - 1, p_j) < \min_{i \in S} u(a_i, p_i)$$

と書ける．よって，$u(a_i, p_i)$ が $d(a_i)/p_i$ に対応するように関数 $f(x, y)$ を定めればよい．以下は，最も単純な場合，すなわち，$u(a_i, p_i) = d(a_i)/p_i$ の場合を考えている．

丸め関数 $d(n)$ を持つ除数方式を考える．$d(n)$ は n に関して狭義増加なので，$\mathcal{D}(1) = 0$, かつ，2 以上の整数 n に対し，$\mathcal{D}(n) = \sum_{k=1}^{n-1} d(k)$ の関係を満たし，さらに，十分小さな正数 $\varepsilon > 0$ に対し，$-d(1) \ll \mathcal{D}(\varepsilon) < 0$ となる狭義の凸関数 $\mathcal{D}(x)$ $(x > 0)$ を考えることができる．例えば，ウェブスター方式ならば，$\mathcal{D}(n) = \sum_{k=1}^{n-1}(k+0.5) = (n^2-1)/2$ なので，$\mathcal{D}(x) = (x^2 - 1)/2$ とする．ジェファソン方式では，丸め関数は $d(n) = n + 1$ なので，$\mathcal{D}(n) = (n^2 + n - 2)/2$, すなわち，$\mathcal{D}(x) = (x^2 + x - 2)/2$ とする．アダムズ方式では，丸め関数は $d(n) = n$ なので，$\mathcal{D}(x) = (x^2 - x)/2$ とする．

関数 $f(x, y) = \mathcal{D}(x)/y^2$ $(x > 0,\ y > 0)$ を定義する．このとき，配分方式 f が前節の性質 (1) から (4) を満たすことを示す．

性質 (1) に関して，$f(x, y)$ の x の狭義凸性は $\mathcal{D}(x)$ の狭義凸性から明らかである．

性質 (2) が満たされることを示すために，差分関数 $u(x, y)$ の y に関する狭義減少性を調べる．$u(x, y)$ を求めると，

$$u(x, y) = yf(x + 1, y) - yf(x, y) = \frac{\mathcal{D}(x+1) - \mathcal{D}(x)}{y}$$

となるが，$\mathcal{D}(x)$ は狭義凸なので，これの差分 $\mathcal{D}(x+1) - \mathcal{D}(x)$ は狭義の増加関数となる．よって，$0 < \varepsilon < x$ を満たす十分小さな ε に対し，

$$\mathcal{D}(x+1) - \mathcal{D}(x) > \mathcal{D}(1+\varepsilon) - \mathcal{D}(\varepsilon) > 0$$

となる．最後の不等式で，十分小さな $\varepsilon > 0$ に対し，$\mathcal{D}(1+\varepsilon) > 0$ および $\mathcal{D}(\varepsilon) < 0$ に注意する．$\mathcal{D}(x+1) - \mathcal{D}(x)$ が正になるので，$u(x,y)$ は x を固定すると y に関して狭義減少関数となる．

性質 (3) を調べる．除数方式の弱比例性とは，すべての i に対し，取り分 $q_i = hp_i/\pi$ がすべて正の整数ならば，$(q_1, \dots, q_s)$ が唯一の配分となることを意味する．だから，配分方式 $d(n)$ の唯一の配分 $(q_1, \dots, q_s)$ に対して，定理 1 より，ハンティントンの不等式，

$$\max_{j \in S} \frac{p_j}{d(q_j)} < \min_{i \in T} \frac{p_i}{d(q_i - 1)} \tag{6.3}$$

が成り立つ．ここで $S = \{1, \dots, s\}$，$T = \{i \mid q_i \geq 2, i \in S\}$ である．一方，差分関数 $u(q_i, p_i)$ を調べると，

$$u(q_i, p_i) = p_i f(q_i + 1, p_i) - p_i f(q_i, p_i) = \frac{\mathcal{D}(q_i + 1) - \mathcal{D}(q_i)}{p_i} = \frac{d(q_i)}{p_i}$$

となるので，この等号関係：$u(q_i, p_i) = d(q_i)/p_i$ を上記の式 (6.3) に代入すると，このハンティントンの不等式から，最大最小不等式，

$$\max_{i \in T} u(q_i - 1, p_i) < \min_{j \in S} u(q_j, p_j). \tag{6.4}$$

が導かれる．

性質 (4) について，

$$f(a, \lambda p) = \frac{\mathcal{D}(a)}{(\lambda p)^2} = \frac{1}{\lambda^2} \frac{\mathcal{D}(a)}{p^2} = \frac{1}{\lambda^2} f(a, p)$$

となり，$A(\lambda) = 1/\lambda^2 > 0$，$B(\lambda) = C(\lambda) = 0$ が定まる．以上のことから，任意の除数方式は，前節の性質 (1) から (4) を満たす配分方式 f として表現できる．

6.3 緩和比例とゼロ次同次性

　議席配分問題が難しいのは州に配分される議席数が整数に限定されているからである. 整数条件がなければ, 直ちに問題解決となり, 州 i には州の取り分 q_i だけの実数値の議席が与えらえる. つまり, 州 i に与えられる議席数は $q_i = (h/\pi)p_i$ となる. このことは配分方式 f においても当然成り立つべきである. 言い換えれば, 変数 x_i は正の実数とし, 制約 $\sum_{i=1}^{s} x_i = h$ のもとで, 関数 $\sum_{i=1}^{s} p_i f(x_i, p_i)$ を最小にする x_i の値は q_i に等しくなるべきである. 配分方式 f がこのような性質を持つとき, 配分方式 f は緩和比例すると言う.

　1票の不平等関数 $f(x, y)$ $(x > 0,\ y > 0)$ を x で偏微分した関数を,

$$g(x, y) = \frac{\partial f(x, y)}{\partial x}, \quad x > 0,\ y > 0$$

とすると, $f(x, y)$ は x に関して狭義凸なので, $g(x, y)$ は x に関して狭義増加となる. x に関する方程式 $yg(x, y) = \lambda$ に解が存在するように λ を選んだとする. 配分方式 f が緩和比例するならば, この方程式の解 x は $x = \alpha(\lambda)y$ となる $\alpha(\lambda) > 0$ を持つ. 方程式 $yg(x, y) = \lambda$ の解 x は, 明らかに, λ に関して狭義増加するので, $\alpha(\lambda)$ は狭義増加関数となり, 逆関数 $\beta = \alpha^{-1}$ を持つ. だから, $x = \alpha(\lambda)y$, つまり, $\alpha(\lambda) = x/y$ は $\lambda = \beta(x/y)$ と書き換えられる. この関係を方程式 $yg(x, y) = \lambda$ に代入すると $g(x, y) = \lambda/y = (1/y)\beta(x/y)$ となる. x に関して積分をすると,

$$f(x, y) = B(x/y) + C(y)$$

となる. ここで, B は β の原始関数（不定積分）であり, $C(y)$ は任意関数である. しかしながら, このとき,

$$\sum_{i=1}^{s} p_i f(a_i, p_i) = \sum_{i=1}^{s} B(a_i/p_i) + \sum_{i=1}^{s} C(p_i)$$

となり, a_i $(1 \leq i \leq s)$ に関する最小化は, 定数項 $\sum_{i=1}^{s} C(p_i)$ には

92 | 第 6 章 ベストな配分方式

無関係に行われるので，配分方式 f が緩和比例するならば，$f(x,y) = B(x/y)$ と仮定することができる．

一方，1 票の不平等関数 $f(x,y)$ $(x > 0,\ y > 0)$ は 2 つの州で議席数と人口の比率が同じならば，つまり，$a_i/p_i = a_j/p_j$ ならば，同じ値を与えるべきである．例えば，一方の州の人口が他方の州の人口の 2 倍のとき，配分される議席数も 2 倍であれば，どちらの州の住民も各自の不平等感は同じと考えられる．だから，任意の $\mu > 0$ について，$f(a_i, p_i) = f(\mu a_i, \mu p_i)$ と仮定するのは妥当である．このとき，$f(x,y)$ はゼロ次同次性[5]を満たすと言う．任意の $\mu > 0$ に対し，$f(\mu x, \mu y) = f(x,y)$ $(x > 0,\ y > 0)$ を関数方程式と見れば，これは唯一の解 $f(x,y) = \varphi(x/y)$ を持つことが知られている．ここで，$\varphi(z)$ $(z > 0)$ は任意の関数である．言い換えれば，配分方式 f が緩和比例することと 1 票の不平等関数 $f(x,y)$ がゼロ次同次性を満たすことは同じことと考えられ，以下の議論では $f(x,y) = \varphi(x/y)$ を仮定し，この仮定を満たすとき，配分方式 f を配分方式 φ と呼ぶ．

5) 多項式 $f(x,y)$ に対して，$f(tx, ty) = t^n f(x,y)$ となるのであれば（n は 0 以上の整数），$f(x,y)$ は n 次の同次式と呼ばれる．例えば，$x^4 + x^3 y + x^2 y^2$ は 4 次の同次式である．これを一般化し，2 変数の関数 $f(x,y)$ が $f(tx, ty) = t^n f(x,y)$ となるとき，n 次同次性を満たすと言う．だから，$x^4/(x^2 y^2 + y^4)$ は 0 次同次性を満たしている．ゼロ (0) 次同次性は経済学でよく使われる用語である．

■ 6.4 中庸方式

いま，定義した配分方式 φ が除数方式となるためには，この配分方式 φ は配分方式 f の満たすべき性質 (1) から (4) をすべて引き継ぐ必要がある．性質 (1) について，$f(x,y)$ は x に関して狭義凸なので，$\varphi(z)$ $(z > 0)$ も狭義凸とする．後で明らかになるが，性質 (1) と (4) が満たされると，性質 (2) と (3) は自動的に満たされる．性質 (4) について，これを $\varphi(z)$ を用いて書き換えてみると，任意の $t > 0$ について，

$$\varphi(x/(ty)) = A(t)\varphi(x/y) + B(t) + C(t)x/y$$

となる $A(t) > 0$，$B(t)$，$C(t)$ が存在する．いま，$z = x/y$，$\lambda = 1/t$ とおくと，

$$\varphi(\lambda z) = A(1/\lambda)\varphi(z) + B(1/\lambda) + C(1/\lambda)z$$

となる．$1/\lambda$ の関数は結局 λ の関数なので，上記の $A(1/\lambda)$, $B(1/\lambda)$, $C(1/\lambda)$ をそれぞれ $A(\lambda)$, $B(\lambda)$, $C(\lambda)$ と書き直すと，

$$\varphi(\lambda z) = A(\lambda)\varphi(z) + B(\lambda) + C(\lambda)z$$

が得られる．

定理 7. なめらかな関数 $g(x)$ $(x > 0)$ は任意の $t > 0$ について，

$$g(tx) = A(t)g(x) + B(t) + C(t)x$$

を満たす関数 $A(t) > 0$, $B(t)$, $C(t)$ を持つ．関数 $g(x)$ が周期関数を含まないとき，関数 $g(x)$ はつぎの高々 3 項の和からなる：定数項，1 次項，および，3 項：x^r $(r \neq 1, 0)$, $x \log x$, $\log x$ の中のいずれか 1 項．

　証明はあとで与える（付録 A 参照）．例えば，$g(x) = x \log x$ とすれば，$g(tx) = tx \log(tx) = tx \log x + (t \log t)x$ なので，$g(x)$ は $A(t) = t > 0$, $B(t) = 0$, $C(t) = t \log t$ を持つ．定数項と 1 次項を追加して，例えば，$g(x) = \log x + 4 + 3x$ とすれば，$g(tx) = \log t + \log x + 4 + 3tx = \log x + (4 + \log t) + (3t)x$ なので，$g(x)$ は $A(t) = 1 > 0$, $B(t) = 4 + \log t$, $C(t) = 3t$ を持つ．

　関数 $\varphi(z)$ は狭義凸なので，$y = \sin x$ のような周期関数には無縁である．だから，上記の定理 7 では，関数 $g(x)$ は周期関数を含まないと仮定している．また，この定理が成り立つとしても，関数 $\varphi(z)$ は曲率が 0 でないことから（狭義凸），$\varphi(z)$ は 3 項：z^r $(r \neq 1, 0)$, $\log z$, $z \log z$ の中のいずれか 1 項を必ず含むことに注意する．

　最初に，$\varphi(z)$ が z^r $(r \neq 1, 0)$ の項を含む場合を考える．ここで，$r(r-1)$ の値に着目する．この値は $r < 0$ および $r > 1$ では正であり，$0 < r < 1$ では負である．さらに，z^r の凹凸に着目すると，$r < 0$ および $r > 1$ では凸であり，$0 < r < 1$ では凹である．だから，$\varphi(z)$ が z^r $(r \neq 1, 0)$ の項を含むとき，

$$\varphi(z) = \frac{Az^r}{r(r-1)} + B + Cz, \quad r \neq 1, 0$$

と書くことができる．ここで，$A > 0$，B，C は任意定数である．

このとき，差分関数 $u(x, y)$ は，

$$u(x, y) = y\varphi\left(\frac{x+1}{y}\right) - y\varphi\left(\frac{x}{y}\right)$$
$$= \frac{A}{r(r-1)} \times \frac{(x+1)^r - x^r}{y^{r-1}} + C \qquad (6.5)$$

と書ける．つぎに，パラメータ $r \neq 0, 1$ のストラスキー平均，

$$\mathcal{S}(x, r) = \left(\frac{(x+1)^r - x^r}{r}\right)^{\frac{1}{r-1}},$$

を用いると，式 (6.5) の差分関数 $u(x, y)$ は，

$$u(x, y) = \frac{A}{r-1}\left(\frac{\mathcal{S}(x, r)}{y}\right)^{r-1} + C, \qquad (6.6)$$

と書ける．

配分 $(a_1, \ldots, a_s)$ のみが $\sum_{i=1}^{s} p_i\varphi(x_i/p_i)$ を最小化しているとすれば，5.3 節の定理 3 より州 $i \in T$ と任意の州 $j \in S$ の間で，不等式 $u(a_i - 1, p_i) < u(a_j, p_j)$ が成り立つ．言い換えれば，

$$\frac{A}{r-1}\left(\frac{\mathcal{S}(a_i - 1, r)}{p_i}\right)^{r-1} + C < \frac{A}{r-1}\left(\frac{\mathcal{S}(a_j, r)}{p_j}\right)^{r-1} + C \quad (6.7)$$

が成り立つ．関数 $y = x^{1-r}$ $(x > 0)$ は，$1 - r > 0$ ならば増加関数であり，$1 - r < 0$ ならば減少関数である．よって，この不等式 (6.7) は，

$$\frac{\mathcal{S}(a_i - 1, r)}{p_i} < \frac{\mathcal{S}(a_j, r)}{p_j}, \quad i \in T, j \in S \qquad (6.8)$$

すなわち，

$$\max_{j \in S} \frac{p_j}{\mathcal{S}(a_j, r)} < \min_{i \in T} \frac{p_i}{\mathcal{S}(a_i - 1, r)}$$

を意味する．定理 1 (2.3 節) のハンティントンの不等式より，配分方式 φ の丸め関数 $d(n)$ が $\mathcal{S}(n, r)$ $(r \neq 0, 1)$ であることが分かる．

つぎに，$\varphi(z)$ が $\log z$ または $z \log z$ の項を含む場合を考える．$\varphi(z)$ は狭義凸なので，それぞれの場合，$\varphi(z) = -A\log z + B + Cz$ または $\varphi(z) = Az\log z + B + Cz$ と書くことができる．ここで，$A > 0$，B，C は任意定数である．それぞれの差分関数を調べると，

$$u(x,y) = -Ay\log((x+1)/y) + C(x+1) + Ay\log(x/y) - Cx$$
$$= -Ay\log((x+1)/x) + C$$

または，

$$u(x,y) = A(x+1)\log((x+1)/y) + C(x+1) - Ax\log(x/y) - Cx$$
$$= A\log((x+1)^{x+1}/y^{x+1}) - A\log(x^x/y^x) + C$$
$$= A\log((x+1)^{x+1}/(yx^x)) + C$$

と書ける．対数平均とアイデントリック平均，すなわち，

$$\mathcal{S}(x,0) = \frac{1}{\log\frac{x+1}{x}}, \qquad \mathcal{S}(x,1) = \frac{1}{e}\frac{(x+1)^{x+1}}{x^x}$$

を用いると，それぞれ，

$$u(x,y) = -Ay/\mathcal{S}(x,0) + C$$

または，

$$u(x,y) = A\log(e\mathcal{S}(x,1)/y) + C = A\log(\mathcal{S}(x,1)/y) + A + C$$

となる．

5.3 節の定理 3 より，配分 $(a_1,\dots,a_s)$ のみが $\sum p_i\varphi(x_i/p_i)$ を最小にしているならば，

$$u(a_i - 1, p_i) < u(a_j, p_j), \quad i \in T, j \in S$$

が成り立つ．$y = -1/x \ (x > 0)$ と $y = \log x \ (x > 0)$ はどちらも狭義増加ということに注意すれば，

$$\mathcal{S}(a_i - 1, r)/p_i < \mathcal{S}(a_j, r)/p_j, \ i \in T, j \in S, \ \text{ただし，} r \text{ は 0 または 1}$$

つまり，

$$\max_{j \in S} \frac{p_j}{\mathcal{S}(a_j, r)} < \min_{i \in T} \frac{p_i}{\mathcal{S}(a_i - 1, r)}, \quad \text{ただし，} r \text{ は 0 または 1}$$

96 | 第 6 章 ベストな配分方式

が成立する．このハンティントンの不等式が成り立つことから，$\varphi(z)$ が $\log z$ または $z \log z$ を含む場合，配分方式 φ の丸め関数 $d(n)$ がそれぞれ，$\mathcal{S}(n,0)$ または $\mathcal{S}(n,1)$ であることが分かる．以上より，配分方式 φ が配分方式 f の満たすべき性質 (1) と (4) を引き継ぐならば，配分方式 φ はストラスキー平均 $\mathcal{S}(n,r)$ を丸め関数に持つ除数方式となる．このことは，性質 (2) と (3) が自動的に満たされていることを意味する．

ここまでをまとめてみる．(1) $f(x,y)$ は x に関して狭義凸とする．(2) 任意の $t > 0$ について，$f(x,ty) = A(t)f(x,y) + B(t) + C(t)x/y$ となる $A(t) > 0$，$B(t)$，$C(t)$ が存在する．(3) 任意の $\mu > 0$ について，$f(\mu x, \mu y) = f(x,y)$ とする．これら 3 つの妥当な性質を満たす配分方式 f は $\mathcal{S}(n,r)$ を丸め関数にする除数方式となる．

この配分方式 $\mathcal{S}(n,r)$ は，丸め関数としてストラスキー平均 $\mathcal{S}(n,r)$ を共有するため，$r > 0$ ならば $\theta = r$ のエントロピー $H_\theta(\mathcal{U})$ $(\theta > 0)$ を最大にする配分方式と同一であり，$r < 1$ ならば $\omega = 1-r$ のエントロピー $H_\omega(\mathcal{W})$ $(\omega > 0)$ を最大にする配分方式と同一である．エントロピー $H_\theta(\mathcal{U})$ $(\theta > 0)$ の最大化は a_i/p_i の均等化を，エントロピー $H_\omega(\mathcal{W})$ $(\omega > 0)$ の最大化は p_i/a_i の均等化を意味するものと解釈できる．すなわち，a_i/p_i および p_i/a_i の両方の均等化を考慮に入れるならば，我々の探している配分方式は，$0 < r < 1$ を満たすパラメータ r のストラスキー平均 $\mathcal{S}(n,r)$ を丸め関数とする除数方式のみとなる．

さらに，人口と議席数の比例関係は方向性がなく対称の関係である．よって，ベストな配分方式は p_i と a_i に関して対称でなければならない．エントロピー $H_\theta(\mathcal{U})$ の最大化はダイバージェンス $I_\theta(\mathcal{A}||\mathcal{P})$ の最小化に等価であり（5.2 節の定理 2），エントロピー $H_\omega(\mathcal{W})$ の最大化はダイバージェンス $I_\omega(\mathcal{P}||\mathcal{A})$ の最小化に等価である（5.6 節の定理 5）．これらのダイバージェンス $I_\theta(\mathcal{A}||\mathcal{P})$ と $I_\omega(\mathcal{P}||\mathcal{A})$ の定義式より，明らかに，$0 < \theta < 1$ かつ $0 < \omega < 1$ のとき，

$$\frac{I_\theta(\mathcal{A}||\mathcal{P})}{\theta} = \frac{I_{1-\theta}(\mathcal{P}||\mathcal{A})}{1-\theta}, \quad \frac{I_\omega(\mathcal{P}||\mathcal{A})}{\omega} = \frac{I_{1-\omega}(\mathcal{A}||\mathcal{P})}{1-\omega}$$

が成り立つ．$\mathcal{P}$ と $\mathcal{A}$ の対称性が成り立つのであれば $I_\theta(\mathcal{A}||\mathcal{P}) = I_\theta(\mathcal{P}||\mathcal{A})$ かつ $I_\omega(\mathcal{P}||\mathcal{A}) = I_\omega(\mathcal{A}||\mathcal{P})$ となるので，上記の等式は，

$$\frac{I_\theta(\mathcal{A}||\mathcal{P})}{\theta} = \frac{I_{1-\theta}(\mathcal{A}||\mathcal{P})}{1-\theta}, \quad \frac{I_\omega(\mathcal{P}||\mathcal{A})}{\omega} = \frac{I_{1-\omega}(\mathcal{P}||\mathcal{A})}{1-\omega}$$

となる．任意の人口分布 $\mathcal{P}$ と議席分布 $\mathcal{A}$ に対して成り立つのであるから，

$$\theta = 1 - \theta, \quad \omega = 1 - \omega$$

が導かれる．明らかに，これらの条件を満たすものは $\theta = \omega = 0.5$ のみである．以上のことより，我々の探すベストな配分方式とはストラスキー平均 $\mathcal{S}(n, 0.5)$ を丸め関数に持つ除数方式となる．

この配分方式が最小化する関数は $F_{0.5}(\boldsymbol{a})$，すなわち，

$$F_{0.5}(\boldsymbol{a}) = -2 \sum_{i=1}^{s} \sqrt{p_i a_i}$$

である．言い換えれば，

$$\sum_{i=1}^{s} \sqrt{p_i a_i}$$

を最大にする配分が最適な配分となる．ちなみに，この式は，人口分布 $(p_1, \ldots, p_s)$ と議席分布（配分）$(a_1, \ldots, a_s)$ 間のバタチャリア係数[6]と呼ばれている．

さらに，丸め関数 $\mathcal{S}(n, 0.5)$ を具体的に求めると，

$$\begin{aligned}
\mathcal{S}(n, 0.5) &= \frac{1}{4} \frac{1}{(\sqrt{n+1} - \sqrt{n})^2} \\
&= \frac{1}{4} \left(\sqrt{n+1} + \sqrt{n} \right)^2 \\
&= \frac{1}{2} \left(n + 0.5 + \sqrt{n(n+1)} \right)
\end{aligned}$$

となり，ウェブスター方式の丸め関数 $d(n) = n + 0.5$ とヒル方式の丸め関数 $d(n) = \sqrt{n(n+1)}$ の平均となっている．すなわち，この配分方式はウェブスター方式とヒル方式を足して 2 で割ったものとなっている．この方式は，最善なものと言われた 2 方式の中間的なものとなっており，その名前を「中庸方式」と呼ぶことにする．

[6] 2 つの分布間の類似度を調べるときに使われる．2 つの正規化された分布を $(a_1, \ldots, a_n), (b_1, \ldots, b_n)$ とする．ここで，$a_1 + \cdots + a_n = 1$，$b_1 + \cdots + b_n = 1$ である．このとき，バタチャリア係数は $\sqrt{a_1 b_1} + \cdots + \sqrt{a_n b_n}$ となる．2 つの分布が完全に一致するとバタチャリア係数は 1 となる．

98 第6章 ベストな配分方式

表**6.1** 仮想人口, 取り分, 配分 (ヒル方式, 中庸方式, ウェブスター方式)

州	人 口	取り分	H	中庸	W
1	91,490	91.49	90	92	93
2	1,660	1.66	2	2	2
3	1,460	1.46	2	2	1
4	1,450	1.45	2	1	1
5	1,440	1.44	2	1	1
6	1,400	1.40	1	1	1
7	1,100	1.10	1	1	1
合計	100,000	100.00	100	100	100

■ 6.5 中庸方式による議席配分例

中庸方式がどのような議席配分をするのかを観察するために, 最初に人為的な数値例 (表 6.1) を使ってみる. この数値例はアメリカの国勢調査局のアーンストという人が考えたものである. この人はヒル方式の支持者であるため, ヒル方式に有利な数値例の可能性がある. 州の数は 7 つ, 議席総数は 100 議席, 各州の人口は表に示したとおりである.

これまでの議論によれば, 中庸方式が最も人口に比例しているが, 具体的に, 人間が議席配分結果を見たとき, 人口ベクトルと議席配分ベクトルが比例しているかどうかを判断することは難しい. 我々は決まって州の取り分の値とその州の議席数を比べるが, その差が小さいかどうかだけでは配分結果の優劣を決めるのが難しい. 実際, 州の取り分とその州に与えられる議席数の差を最小にするのは, 最大剰余方式である. いま, この方式が人口 $(p_1, \ldots, p_s)$, および, 議席総数 h に対して, 配分 $(a_1, \ldots, a_s)$ を定めたとする. また, 変数 x_i $(1 \leq i \leq s)$ は 1 以上の整数とし, 等式条件 $\sum_{i=1}^{s} x_i = h$ を満たすとすれば, $x_i = a_i$ $(1 \leq i \leq s)$ が,

$$\sum_{i=1}^{s} (x_i - q_i)^2$$

を最小にする. ところが, この方式はアラバマ・パラドックスを受

6.5 中庸方式による議席配分例 99

表 6.2 仮想人口，取り分，さまざまな配分

州	人 口	取り分			H		中庸	W	
1	91,490	91.49	88	89	90	91	92	93	94
2	1,660	1.66	2	2	2	2	2	2	1
3	1,460	1.46	2	2	2	2	2	1	1
4	1,450	1.45	2	2	2	2	1	1	1
5	1,440	1.44	2	2	2	1	1	1	1
6	1,400	1.40	2	2	1	1	1	1	1
7	1,100	1.10	2	1	1	1	1	1	1
合計	100,000	100.00	100	100	100	100	100	100	100

け入れてしまうため，人口に比例した議席配分を行っているとは言えない．そのため，取り分と議席数を比較する際には十分な注意が必要である．

　幸いなことに，いま扱っているこの数値例はかなり特殊である．州 1 のみが大州で，州 2 から州 7 が明らかに小州である．しかも，人口（取り分）からすると，各小州に与えられる議席数は 1 か 2 に限定される．このように限定するならば，この数値例で許される議席配分は決まってしまう．州 1 に与えられる議席数を 88 から 94 までとし，弱人口単調性，つまり，$p_i < p_j$ ならば $a_i \leq a_j$ となる性質を考慮すれば，議席配分は表 6.2 のようになり，州 1 の議席数を定めると，他の州の議席数も自動的に定まり，配分が決まってしまう．言い換えれば，配分は州 1 の議席数で決まってしまう．このことを考慮すると，大州と小州グループの人口の割合は 9 万 1490 対 8510，あるいは，91.5 対 8.5 であるので，大州と小州グループにはそれぞれ 92 議席と 8 議席，もしくは，91 議席と 9 議席を与えるのが最も妥当と言える．その意味で，ヒル方式は州 1 に 90 議席しか与えないのは少なすぎ，ウェブスター方式が州 1 に 93 議席を与えるのは多すぎる．中庸方式は州 1 に妥当な 92 議席を与えている．

　この例を使い，3 つの配分方式の結果から，7 州の選挙区サイズを求めた（表 6.3）．選挙区サイズは整数値で表示した．基準人口が1000 人なので，これより小さな数値の選挙区は有利となっている．

100 第6章 ベストな配分方式

表6.3 選挙区サイズ（ヒル方式，中庸方式，ウェブスター方式）

州	H	中庸	W
1	1017	994	984
2	830	830	830
3	730	730	1460
4	725	1450	1450
5	720	1440	1440
6	1400	1400	1400
7	1100	1100	1100

小州6州のうち，ヒル方式では4州が有利となっており，小州グループにやや有利な配分となっている．中庸方式は2州が有利で，こちらは小州グループにやや不利な配分を与えている．一方，ウェブスター方式は1州のみが有利となっており，同方式は小州グループにかなり不利な結果を与えている．

　これらの観察結果を総合すると，ヒル方式の配分は小州に有利となっており，ウェブスター方式の配分は大州に有利となっている．中庸方式の配分結果はわずかに大州に有利となっているが，中庸方式の配分がこれらの中では最も妥当と思われる．

　つぎは，実際のデータを用いて議論する．これまでのアメリカの国勢調査結果に対し，ウェブスター方式とヒル方式の配分の結果が最も異なるのは1920年度の調査結果である．この時の人口に対し，基準人数より人口の少ないデラウェア州，ワイオミング州，ネバダ州には事前に1議席を与え，残り45州間で432議席を配分した．取り分はその時の数値を採用した．ウェブスター方式とヒル方式の配分結果が異なっているのはニューヨーク州，ノースカロライナ州，バージニア州，ロードアイランド州，ニューメキシコ州，バーモント州の6州である．これらの結果を表6.4にまとめる．

　この表の最初の3州の人口と最後の3州の人口を比べると，歴然と差がある．人口の多い3州の取り分の和は62.91議席であり，これらの3州に対し，ヒル方式は61議席，ウェブスター方式は64議

表 6.4 1920 年度，ヒル方式とウェブスター方式の配分の異なる 6 州の
人口，取り分，ヒル方式，中庸方式，ウェブスター方式

州　名	人　口	取り分	H	中庸	W
ニューヨーク	10,380,589	42.82	42	43	43
ノースカロライナ	2,559,123	10.56	10	11	11
バージニア	2,309,187	9.53	9	9	10
ロードアイランド	604,397	2.49	3	3	2
ニューメキシコ	353,428	1.46	2	1	1
バーモント	352,428	1.45	2	1	1
合計	16,559,152	68.00	68	68	68

席を与えている．それに対し，中庸方式は 63 議席を与えており，悪
くない結果を示している．さらに，表の上から順番に，6 州に与え
られた議席数から，それぞれ，42 議席，10 議席，9 議席，2 議席，1
議席，1 議席を取り除いてみる．すなわち，3 方式が各州に与えた議
席数の最小値の議席を取り除いてみる．すると，ヒル方式は人口の
少ない 3 州すべてに 1 議席が残り，ウェブスター方式は人口の多い
3 州すべてに 1 議席が残る．このことからも，ヒル方式は人口の少
ない州に有利な配分をし，ウェブスター方式は人口の多い州に有利
な配分をしている可能性がうかがえる．中庸方式は人口の多い 2 州
にそれぞれ 1 議席が残り，人口の少ない 1 州に 1 議席が残る．中庸
方式は人口の多い州と人口の少ない州のバランスをうまく取ってい
るようにも見える．最後に，1920 年度の調査人口に対し，ウェブス
ター方式とヒル方式および中庸方式を用いたときの議席配分結果を
表 6.5 に示す．

102 | 第6章 ベストな配分方式

表6.5 1920年度の各州の人口，取り分，ヒル方式，中庸方式，ウェブスター方式

州 名	人 口	取り分	H	中庸	W
ニューヨーク	10,380,589	42.82	42	43	43
ペンシルベニア	8,720,017	35.97	36	36	36
イリノイ	6,485,280	26.75	27	27	27
オハイオ	5,759,394	23.76	24	24	24
テキサス	4,663,228	19.24	19	19	19
マサチューセッツ	3,852,356	15.89	16	16	16
ミシガン	3,668,412	15.13	15	15	15
カリフォルニア	3,426,031	14.13	14	14	14
ミズーリ	3,404,055	14.04	14	14	14
ニュージャージー	3,155,900	13.02	13	13	13
インディアナ	2,930,390	12.09	12	12	12
ジョージア	2,895,832	11.95	12	12	12
ウィスコンシン	2,631,305	10.86	11	11	11
ノースカロライナ	2,559,123	10.56	10	11	11
ケンタッキー	2,416,630	9.97	10	10	10
アイオワ	2,404,021	9.92	10	10	10
ミネソタ	2,385,656	9.84	10	10	10
アラバマ	2,348,174	9.69	10	10	10
テネシー	2,337,885	9.64	10	10	10
バージニア	2,309,187	9.53	9	9	10
オクラホマ	2,028,283	8.37	8	8	8
ルイジアナ	1,798,509	7.42	7	7	7
ミシシッピ	1,790,618	7.39	7	7	7
カンザス	1,769,257	7.30	7	7	7
アーカンソー	1,752,204	7.23	7	7	7
サウスカロライナ	1,683,724	6.95	7	7	7
ウェストバージニア	1,463,701	6.04	6	6	6
メリーランド	1,449,661	5.98	6	6	6
コネティカット	1,380,631	5.70	6	6	6
ワシントン	1,354,596	5.59	6	6	6
ネブラスカ	1,296,372	5.35	5	5	5
フロリダ	968,470	4.00	4	4	4
コロラド	939,161	3.87	4	4	4
オレゴン	783,389	3.23	3	3	3
メイン	768,014	3.17	3	3	3
ノースダコタ	643,953	2.66	3	3	3
サウスダコタ	631,239	2.60	3	3	3
ロードアイランド	604,397	2.49	3	3	2
モンタナ	541,511	2.23	2	2	2
ユタ	448,388	1.85	2	2	2
ニューハンプシャー	443,083	1.83	2	2	2
アイダホ	430,442	1.78	2	2	2
ニューメキシコ	353,428	1.46	2	1	1
バーモント	352,428	1.45	2	1	1
アリゾナ	309,495	1.28	1	1	1
デラウェア	223,003		1	1	1
ワイオミング	193,487		1	1	1
ネバダ	75,820		1	1	1
合計	105,210,729	432.00	435	435	435

第7章

わが国で使われるアダムズ方式

7.1 大きな偏り

わが国では2020年度の国勢調査結果に対し，アダムズ方式を用いて，衆議院議員の議席が配分される．衆議院議員は2つのタイプの選挙で選出されるが，ここでは，小選挙区制で選出される289議席の47都道府県への議席配分を考えてみる．比較のため，中庸方式による配分結果も与える（表7.1）．

アダムズ方式は人口の少ない地域（州や都道府県）に有利な議席配分をすることが知られている．例えば，最大人口の東京都の取り分，つまり，完全比例の議席数は29.7議席となっているが，アダムズ方式は28議席しか与えない．中庸方式はほぼ取り分に等しい30議席を与えている．これは，東京に続く人口の多い，神奈川県，大阪府，愛知県でも同じような傾向が見られる．アダムズ方式のこの偏りをより鮮明にするために，47都道府県を3グループに分けてみ

104 第7章 わが国で使われるアダムズ方式

表7.1 2010年度の人口，取り分，アダムズ方式，中庸方式

都道府県名	人口	取り分	アダムズ	中庸
東京	13,159,388	29.70	28	30
神奈川	9,048,331	20.42	19	20
大阪	8,865,245	20.01	19	20
愛知	7,410,719	16.73	16	17
埼玉	7,194,556	16.24	16	16
千葉	6,216,289	14.03	14	14
兵庫	5,588,133	12.61	12	13
北海道	5,506,419	12.43	12	12
福岡	5,071,968	11.45	11	11
静岡	3,765,007	8.50	8	9
茨城	2,969,770	6.70	7	7
広島	2,860,750	6.46	6	6
京都	2,636,092	5.95	6	6
新潟	2,374,450	5.36	5	5
宮城	2,348,165	5.30	5	5
長野	2,152,449	4.86	5	5
岐阜	2,080,773	4.70	5	5
福島	2,029,064	4.58	5	5
群馬	2,008,068	4.53	5	5
栃木	2,007,683	4.53	5	5
岡山	1,945,276	4.39	5	4
三重	1,854,724	4.19	4	4
熊本	1,817,426	4.10	4	4
鹿児島	1,706,242	3.85	4	4
山口	1,451,338	3.28	4	3
愛媛	1,431,493	3.23	3	3
長崎	1,426,779	3.22	3	3
滋賀	1,410,777	3.18	3	3
奈良	1,400,728	3.16	3	3
沖縄	1,392,818	3.14	3	3
青森	1,373,339	3.10	3	3
岩手	1,330,147	3.00	3	3
大分	1,196,529	2.70	3	3
石川	1,169,788	2.64	3	3
山形	1,168,924	2.64	3	3
宮崎	1,135,233	2.56	3	3
富山	1,093,247	2.47	3	2
秋田	1,085,997	2.45	3	2
和歌山	1,002,198	2.26	3	2
香川	995,842	2.25	3	2
山梨	863,075	1.95	2	2
佐賀	849,788	1.92	2	2
福井	806,314	1.82	2	2
徳島	785,491	1.77	2	2
高知	764,456	1.73	2	2
島根	717,397	1.62	2	2
鳥取	588,667	1.33	2	1
合計	128,057,352	289.00	289	289

る．都道府県は表 7.1 のように，人口の多い順に並んでいるとする．大グループは東京都から埼玉県，中グループは千葉県から新潟県まで．小グループは残りの宮城県から鳥取県までとする．それぞれのグループの取り分の和は順に，103.09 議席，83.48 議席，102.44 議席となる．各グループに配分された議席の和を求めると，アダムズ方式では，順に，98 議席，81 議席，110 議席となる．取り分の値から判断すると，アダムズ方式は，大グループには約 5 議席少なく配分しているが，小グループには 7.5 議席ほど多く配分しており，かなり大きな偏りを示している．一方，中庸方式は，大グループに 103 議席，中グループに 83 議席，小グループに 103 議席を与え，それぞれのグループの取り分の値に近い議席数を与えていることが分かる．だから，中庸方式の配分結果には，グループ間の扱いに差異は見られない（表 7.2）．

図 7.1 アダムズ方式と中庸方式で差異の出る都道府県

106 | 第7章 わが国で使われるアダムズ方式

表 7.2 2010 年度，アダムズ方式と中庸方式の配分結果，大中小グループの取り分の和と議席の和

グループ	取り分	アダムズ	中庸
大	103.09	98	103
中	83.48	81	83
小	102.44	110	103

7.2 小さな格差とレンジ（範囲）

わが国の衆議院小選挙区における1票の価値の不平等の原因は2種類ある．1つ目は，人口比例の議席配分が妥当でないためであり，2つ目は，都道府県内での小選挙区の区割りが妥当でないためである．アメリカでは州内の選挙区の人口は実質上同数となっているため，議席配分だけが問題となる．ただ，区割りと議席配分は完全に別の問題なので，ここでは，各都道府県内のすべての小選挙区の人口は同じと仮定する．つまり，そのような小選挙区の人口は，それぞれの都道府県の選挙区サイズに等しいと仮定する．

2010 年度の人口と各都道府県の（アダムズ方式と中庸方式を用いたときに）受け取る議席数から，各都道府県の選挙区サイズを求めてみる．人数は整数で表した（表 7.3）．

アダムズ方式の場合，選挙区サイズの最大値は愛媛県で実現し，その人数は47万7164人となっている．一方，最小値は鳥取県で実現し，その人数は29万4334人である．つまり，鳥取県が一番有利で，愛媛県が一番不利となっている．この場合の1票の格差（選挙区サイズの最大値を最小値で割り算した値）は1.62倍となっている．また，最大値から最小値を引き算した値，すなわち，レンジ（範囲）は18万2830となっている．

中庸方式の場合，選挙区サイズの最大値は鳥取県で実現し，その人数は58万8667人となっている．一方，最小値は島根県で実現し，その人数は35万8699人である．つまり，島根県が一番有利で，鳥取

7.2 小さな格差とレンジ（範囲） | 107

表 7.3 2010 年度，各都道府県の選挙区サイズ（アダムズ方式と中庸方式）

	アダムズ	中庸方式
東京	469978	438646
神奈川	476228	452417
大阪	466592	443262
愛知	463170	435925
埼玉	449660	449660
千葉	444021	444021
兵庫	465678	429856
北海道	458868	458868
福岡	461088	461088
静岡	470626	418334
茨城	424253	424253
広島	476792	476792
京都	439349	439349
新潟	474890	474890
宮城	469633	469633
長野	430490	430490
岐阜	416155	416155
福島	405813	405813
群馬	401614	401614
栃木	401537	401537
岡山	389055	486319
三重	463681	463681
熊本	454357	454357
鹿児島	426561	426561
山口	362835	483779
愛媛	**477164**	477164
長崎	475593	475593
滋賀	470259	470259
奈良	466909	466909
沖縄	464273	464273
青森	457780	457780
岩手	443382	443382
大分	398843	398843
石川	389929	389929
山形	389641	389641
宮崎	378411	378411
富山	364416	546624
秋田	361999	542999
和歌山	334066	501099
香川	331947	497921
山梨	431538	431538
佐賀	424894	424894
福井	403157	403157
徳島	392746	392746
高知	382228	382228
島根	358699	**358699**
鳥取	**294334**	**588667**
最大値	**477164**	**588667**
最小値	**294334**	**358699**

108　第 7 章　わが国で使われるアダムズ方式

表 **7.4**　アダムズ方式と 1 票の格差の最小化

	人口	A	P/A	X	P/X
	28,759	34	846	35	822
	1,735	3	578	2	868
	1,522	2	761	2	761
格差（比率）			1.46		1.14

県が一番不利となっている．この場合の 1 票の格差は 1.64 倍となっている．また，最大値と最小値の差，すなわち，レンジ（範囲）は 22 万 9968 となっている．

　両者を比較すると，アダムズ方式のほうが選挙区サイズにばらつきが少なく，好ましい配分方式に思えるが，実はそうではない．ウィルコックスはハンティントンとの論争に負けてしまった後，今度はアダムズ方式を推奨した．彼はアダムズ方式が 1 票の格差とレンジ（範囲）を最小にすると主張したが，それは正しくない．

　アダムズ方式はしばしば 1 票の格差やレンジを最小にするが，必ずそうなるとは限らない．また，1 票の格差やレンジを最小にする議席配分方式が，人口に比例して議席を配分するわけではない．例えば，3 州からなる国を考える．人口ベクトルを (28759, 1735, 1522) とする（表 7.4）．議席の総数を 39 としたとき，除数を $\lambda = 850$ に選ぶと，商は (33.83, 2.04, 1.79) となる．それぞれの商の小数点以下を切り上げると，アダムズ方式の配分は (34, 3, 2) となる（A のカラム）．選挙区サイズを整数値で求めると (846, 578, 761) となり（P/A のカラム），1 票の格差は 846/578 倍，つまり，1.46 倍となる．しかし，配分を (35, 2, 2) と変更し（X のカラム），選挙区サイズを整数値で求めると (822, 868, 761) となるので（P/X のカラム），1 票の格差は 868/761 倍，つまり，1.14 倍に減少する．

　また，1 票の格差を最小にするように議席を配分すると，アラバマ・パラドックスが発生する（表 7.5）．人口は表 7.4 と同じである．議席総数 h を 116 と 117 に選んでみる．議席総数が 116 から 117 に変化すると，最初の州に与えられる議席数が 105 から 104 に減少す

表 7.5 格差を最小にする配分方式に生じるアラバマ・パラドックス

人口	$h=116$ J	P/J	$h=117$ A	P/A
28,759	105	274	104	277
1,735	6	289	7	248
1,522	5	304	6	254

る．この表の中で，JとAのカラムはどちらも，格差を最小にする配分を表している．1票の格差を最小にする配分は試行錯誤により見つけることができる．P/JとP/Aのカラムはどちらも選挙区サイズを表している．

1票の格差を最小にする配分方式には，この例のようにアラバマ・パラドックスを許してしまい，人口に比例して議席を配分することができない．すなわち，格差最小と人口比例は異なる概念であり，格差を最小にする配分方式はそもそも除数方式でもない．

結局のところ，アダムズ方式は大きな偏りを持つ配分方式でしかない．また，選挙区サイズに関して，格差やレンジ（範囲）を小さくする傾向にあるが，それらを最小にする配分方式はアラバマ・パラドックスを許し，人口比例の原則に反する．だから，我々は，議席数と人口が比例している程度を知るために，しばしば，選挙区サイズの最大値と最小値の格差（比率）を調べるが，それは絶対的な測り方ではなく，それを用いる際には十分な注意が必要である．

付録 **A**

証明と解説

■ A.1 定理 3 の証明

この節では，5.3 節の定理 3 を証明する．最初に，この定理の内容を書く：各州 $i \in S$ に対して，狭義の凸関数 $f_i(x)$ （$x > 0$）と差分 $u_i(x) = f_i(x+1) - f_i(x)$ を考える．さらに，$F(\boldsymbol{x}) = \sum_{i=1}^{s} f_i(x_i)$ を定める．h 議席の配分 $\boldsymbol{a}$ が他の任意の h 議席の配分 $\boldsymbol{b}$ に対して，$F(\boldsymbol{a}) < F(\boldsymbol{b})$ となるための必要十分条件はつぎの最大最小不等式：

$$\max_{i \in T} u_i(a_i - 1) < \min_{j \in S} u_j(a_j)$$

が成り立つことである．

証明．【必要性】h 議席の配分 $\boldsymbol{a}$ が他の任意の h 議席の配分 $\boldsymbol{b}$ に対して，$F(\boldsymbol{a}) < F(\boldsymbol{b})$ となるならば，$\boldsymbol{a}$ がこの最大最小不等式を満たすことを示す．いま，$\boldsymbol{a}$ が最大最小不等式を満たしていないとすれば，$u_i(a_i - 1) \geq u_j(a_j)$ となる $i \in T, j \in S$ （$i \neq j$）が存在する．[1] つぎに，別の配分ベクトル $\boldsymbol{b} = (b_1, b_2, \ldots, b_s)$ を考える．ただし，$b_i = a_i - 1, b_j = a_j + 1, b_k = a_k$ （$k \neq i, j$）とする．このとき，

$$
\begin{aligned}
F(\boldsymbol{a}) - F(\boldsymbol{b}) &= \sum_{k=1}^{s} f_k(a_k) - \sum_{k=1}^{s} f_k(b_k) \\
&= \sum_{k=1}^{s} \Big(f_k(a_k) - f_k(b_k) \Big) \\
&= f(a_i) - f(a_i - 1) + f(a_j) - f(a_j + 1) \\
&= \Big(f(a_i) - f(a_i - 1) \Big) - \Big(f(a_j + 1) - f(a_j) \Big)
\end{aligned}
$$

1) $i = j$ は $u_i(a_i - 1) \geq u_i(a_i)$ を意味するが，この不等式は成り立たない．なぜならば，$f_i(x)$ は狭義凸なので，差分 $u_i(x)$ は狭義増加となるからである．

$$= u_i(a_i - 1) - u_j(a_j) \geq 0$$

となるので，$F(\boldsymbol{b}) \leq F(\boldsymbol{a})$ となり，仮定 $F(\boldsymbol{a}) < F(\boldsymbol{b})$ に矛盾する．

【十分性】配分はすべて h 議席の配分とする．配分 $\boldsymbol{a}$ がこの最大最小不等式を満たすならば，$\boldsymbol{a}$ と異なる任意の配分 $\boldsymbol{b}$ に対して，$F(\boldsymbol{a}) < F(\boldsymbol{b})$ を示す．いま，$I = \{i \mid b_i < a_i\}$ と $J = \{j \mid b_j > a_j\}$ を定義する．このとき，

$$F(\boldsymbol{b}) - F(\boldsymbol{a}) = \sum_{i=1}^{s} f_i(b_i) - \sum_{i=1}^{s} f_i(a_i)$$
$$= \sum_{i \in I} \big(f_i(b_i) - f_i(a_i)\big) + \sum_{j \in J} \big(f_j(b_j) - f_j(a_j)\big)$$

となり，式 (5.9) の関係を用いると，

$$= \sum_{i \in I} \left(\sum_{k=1}^{b_i - 1} u_i(k) - \sum_{k=1}^{a_i - 1} u_i(k) \right)$$
$$+ \sum_{j \in J} \left(\sum_{l=1}^{b_j - 1} u_j(l) - \sum_{l=1}^{a_j - 1} u_j(l) \right)$$

となる．このことより，

$$F(\boldsymbol{b}) - F(\boldsymbol{a}) = -\sum_{i \in I} \left(\sum_{k=b_i}^{a_i - 1} u_i(k) \right) + \sum_{j \in J} \left(\sum_{l=a_j}^{b_j - 1} u_j(l) \right) \qquad \text{(A.1)}$$

が得られる．集合 I の定義より，$i \in I$ ならば $a_i \geq 2$ であり，$\boldsymbol{a}$ は最大最小不等式を満たすので，任意の $i \in I$ と $j \in J$ に対して $u_i(a_i - 1) < u_j(a_j)$ となる．さらに，差分関数 $u_i(a_i)$ の狭義増加性を考慮に入れると，任意の $i \in I$ と $j \in J$ に対して，

$$u_i(b_i) < u_i(b_i + 1) < \cdots \leq u_i(a_i - 1) < u_j(a_j) < u_j(a_j + 1)$$
$$< \cdots \leq u_j(b_j - 1)$$

となる．各 $i \in I$ と $j \in J$ に対して，それぞれ，$K_i = \{b_i, b_i + 1, \ldots, a_i - 1\}$ と $L_j = \{a_j, a_j + 1, \ldots, b_j - 1\}$ を定義したとき，上記の関係は，

112 付録 A 証明と解説

$$u_i(k) < u_j(l), \qquad i \in I, k \in K_i, j \in L, l \in L_j \qquad \text{(A.2)}$$

を意味する．式 (A.1) の第 1 項の $u_i(k)$ の項数と第 2 項の $u_j(l)$ の項数
はそれぞれ $\sum_{i \in I}(a_i - b_i)$ と $\sum_{j \in J}(b_j - a_j)$ であるが，$\sum_{\iota \in S}(b_\iota - a_\iota) = 0$ なので，両者は同じ値である．言い換えれば，

$$\sum_{i \in I} \sum_{k=b_i}^{a_i - 1} 1 = \sum_{j \in J} \sum_{l=a_j}^{b_j - 1} 1$$

が成り立つ．式 (A.2) の関係より，

$$\sum_{i \in I} \sum_{k=b_i}^{a_i - 1} u_i(k) < \sum_{j \in J} \sum_{l=a_j}^{b_j - 1} u_j(l)$$

が得られる．よって，式 (A.1) は $F(\boldsymbol{b}) - F(\boldsymbol{a}) > 0$ と書ける．以上
のことから，$\boldsymbol{a}$ が最大最小不等式を満たすとき，任意の配分 $\boldsymbol{b}$ に対
し $F(\boldsymbol{a}) < F(\boldsymbol{b})$ が成り立つ． $\square$

A.2 定理 7 の証明

　この節では，6.4 節の定理 7 の証明を与えるが，多くの関数が登
場するので，ここでは関数や変数の文字を一新する．証明の途中で，
いくつかの関数方程式に出合い，その解（関数）の中に周期関数を
含むものが出現する．しかしながら，我々の扱っている関数（1 票
の不平等関数）は狭義凸であり，明らかに，周期的な性質を持たな
いので，そのような解は無視する．

　なめらかな関数 $f(x)$ $(x > 0)$ は，任意の $y > 0$ について，

$$f(xy) = A(y)f(x) + B(y) + C(y)x \qquad \text{(A.3)}$$

となる関数 $A(y) > 0$, $B(y)$, $C(y)$ を持つ．このとき，関数 $f(x)$ は
つぎの高々 3 項の和からなる：定数項，1 次項，および，3 項：x^r
$(r \neq 1, 0)$，$x \log x$，$\log x$ の中のいずれか 1 項．

証明．まず，$y = 1$ を式 (A.3) に代入すると，$A(1) = 1$, $B(1) = 0$,

$C(1) = 0$ となる. 最初に大きく場合分けを行う. (i) すべての $y > 0$ に対して $A(y) \equiv 1$ の場合と, (ii) そうでない場合, つまり, $A(p) \neq 1$ となる $p > 0$, $p \neq 1$ が存在する場合に分ける.

最初に, 後者 (ii) の場合を考える. $y = p$ を式 (A.3) に代入すると,

$$f(px) = A(p)f(x) + B(p) + C(p)x$$

が得られる. ここで, 定数,

$$a = A(p), \quad b = B(p), \quad c = C(p)$$

を定める. もちろん, $a > 0$ で $a \neq 1$ である. すると, 上の式は $f(px) = af(x) + b + cx$ と書ける. つぎに, 関数方程式 (定数 $p > 0$, $a > 0$ に注意),

$$f(px) - af(x) = b + cx \qquad (A.4)$$

を考える. ここで, さらに場合分けを行う. (ii-1) $a \neq p$ と (ii-2) $a = p$ の場合である.

前者の (ii-1), つまり, $a \neq p$ の場合を考える. $a \neq 1$, $a \neq p$ なので,

$$F(x) = f(x) - \left\{ \frac{b}{1-a} + \frac{c}{p-a}x \right\}$$

とおくと, 関数方程式 (A.4) は,

$$F(px) = aF(x) \qquad (A.5)$$

と書ける. いま, $a > 0$ かつ $p \neq 1$ なので, 関数方程式 (A.5) の解で, 周期関数を含まないものは, $r = \log a / \log p$ とおき, $\mathcal{C}'$ を任意定数とおくと, $F(x) = \mathcal{C}'x^r$ のみであることが知られている. ゆえに,

$$f(x) = \mathcal{C}'x^r + \left\{ \frac{b}{1-a} + \frac{c}{p-a}x \right\} \qquad (A.6)$$

となる. このとき, $a \neq 1$, $a \neq p$ なので $r \neq 0, 1$ に注意する.

後者の (ii-2), つまり, $a = p$ の場合を考える. このとき, 関数方程式 (A.4) は,

114 | 付録 A 証明と解説

$$f(px) = pf(x) + b + cx \tag{A.7}$$

と書ける. いま $p \neq 1$ なので,

$$F(x) = f(x) - \frac{b}{1-p} \tag{A.8}$$

とおくと, 式 (A.7) は,

$$F(px) = pF(x) + cx \tag{A.9}$$

と書ける. さらに, $x > 0$ なので,

$$F(x) = xg(x) \tag{A.10}$$

とおくと, 関数方程式 (A.9) は,

$$pxg(px) = pxg(x) + cx$$

と書き直せる. $p > 0, x > 0$ なので,

$$g(px) = g(x) + \frac{c}{p} \tag{A.11}$$

と書ける. このとき, $p \neq 1$ なので,

$$\frac{c}{p \log p} \log x$$

が関数方程式 (A.11) の解であることは容易に確かめられる. いま,

$$h(x) = \frac{c}{p \log p} \log x \tag{A.12}$$

とおくと, もちろん,

$$h(px) = h(x) + \frac{c}{p} \tag{A.13}$$

を満たす. 式 (A.11) から式 (A.13) を, 辺々, 引き算すると,

$$g(px) - h(px) = g(x) - h(x)$$

が得られる.

$$H(x) = g(x) - h(x) \tag{A.14}$$

とおくと，

$$H(px) = H(x), \qquad p \neq 1$$

となるが，この方程式の解で周期関数を含まないものは任意定数 C'' のみであることが知られている．ゆえに，式 (A.12) および式 (A.14) より，

$$g(x) = C'' + \frac{c}{p \log p} \log x$$

となる．さらに，式 (A.8) および式 (A.10) より関数方程式 (A.4) の解，

$$f(x) = C'' x + \frac{c}{p \log p} x \log x + \frac{b}{1-p} \tag{A.15}$$

が得られる．このとき，$a = p$ なので (ii-1) で定義した r の値は 1 となっている．

最後に，(i) の場合，つまり，すべての $y > 0$ に対して $A(y) = 1$ の場合を考える．このとき，式 (A.3) は，

$$f(xy) = f(x) + B(y) + C(y)x, \quad x > 0, \ y > 0 \tag{A.16}$$

となる．$x = 1$ を代入すると，

$$f(y) = f(1) + B(y) + C(y) \tag{A.17}$$

となるが，式 (A.16) から式 (A.17) を，辺々，引き算すると，

$$f(xy) - f(y) = f(x) - f(1) + C(y)(x-1)$$

となる．いま，

$$g(x) = f(x) - f(1) \tag{A.18}$$

とおくと，

$$g(xy) - g(y) = g(x) + C(y)(x-1)$$

となり，整理すると，

$$g(xy) = g(x) + g(y) + (x - 1)C(y) \tag{A.19}$$

が得られる．ここで，x と y を入れ替えると，

$$g(yx) = g(y) + g(x) + (y - 1)C(x)$$

となる．2 つの式を比較すると，

$$(x - 1)C(y) = (y - 1)C(x)$$

が得られる．$y = 2$ を代入すると，

$$C(x) = C(2)(x - 1)$$

が得られる．これを式 (A.19) に代入すると，

$$g(xy) = g(x) + g(y) + C(2)(x - 1)(y - 1)$$
$$= g(x) + g(y) - C(2)x - C(2)y + C(2)xy + C(2)$$

となる．

$$h(x) = g(x) - C(2)x + C(2) \tag{A.20}$$

とおくと，

$$h(xy) = h(x) + h(y)$$

が得られる．この関数方程式の解は $h(x) = \mathcal{C}''' \log x$ のみであることが知られている．ここで，$\mathcal{C}'''$ は任意定数である．式 (A.18) および式 (A.20) から，式 (A.16) を満足する $f(x)$ は，

$$f(x) = \mathcal{C}''' \log x + C(2)(x - 1) + f(1) \tag{A.21}$$

のみとなる．

以上，式 (A.6), (A.15), (A.21) より，定理 7 の結論が導かれる．

□

A.3　いろいろな平均

　これまで，配分方式（除数方式）に対し，さまざまな丸め関数を考えてきた．多くの場合，丸め関数 $d(n)$ の値は，正の連続する 2 整数 n と $n+1$ の平均値に等しい．そこで，ここでは，正の 2 数 $a > b > 0$ の平均について少し考えてみる．我々が日常的に平均や平均値と言う場合，足して 2 で割る，つまり，$(a+b)/2$ 以外には考えられない．例えば，試験を 2 回受けた場合，1 回目はちょっと手を抜いてしまったため得点が 40 点しかなかった．しかし，2 回目は努力して，得点が 80 点に上昇した．この場合の平均点は 60 点となる．合格最低点が平均 60 点であれば，かろうじて合格となる．

　2 数の平均がこれだけであれば話は簡単であるが，数学では幾何平均というものもでてくる．これは掛けてルート計算をするもので，$\sqrt{ab}$ のことである．これは相乗平均とも呼ばれる．このように，新しい平均が出現すると，以前の平均も別の名前が必要となり，$\sqrt{ab}$ を幾何平均と言うとき，$(a+b)/2$ は算術平均と呼ばれ，$\sqrt{ab}$ を相乗平均と言うとき，$(a+b)/2$ は相加平均と呼ばれるようである．高等学校の数学 II の教科書に相加平均と相乗平均の大小関係というのがでている．つまり，正の 2 数 $a > b > 0$ に対し，

$$\frac{a+b}{2} > \sqrt{ab}$$

という関係である．一般には，$a = b$ の場合も考えるので，$(a+b)/2 \geq \sqrt{ab}$ と教科書には記述されている．この大小関係より，幾何平均の値は算術平均の値より小さい．先ほどの 2 回の試験であるが，もし，合格最低点の平均の意味が幾何平均の意味ならば，40 点と 80 点の結果では不合格となる．なぜならば，幾何平均の値は $\sqrt{40 \times 80} = 56.57$ 点となり，平均 60 点に届かないからである．

　この奇妙な（幾何）平均は倍率の平均を定めるのに適しているようである．例えば，ある企業が画期的な製品を開発し，昨年の売上が一昨年の 3 倍となり，今年はさらに昨年の 2 倍になったとする．

このとき，売上の（年）平均倍率は算術平均の $(3+2)/2 = 2.5$ 倍とするよりは，幾何平均の $\sqrt{3 \times 2} = \sqrt{6} = 2.45$ 倍と考えたほうが適切なようである．売上は 2 年で 6 倍になっているので，算術平均の $2.5 \times 2.5 = 6.25$ よりは，幾何平均の $\sqrt{6} \times \sqrt{6} = 6$ のほうが好ましい．

数学では，幾何平均以外に調和平均というものも使われる．正の 2 数 $a > b > 0$ の調和平均は，それぞれの逆数 $1/a$ と $1/b$ の算術平均 $(1/a + 1/b)/2 = (a+b)/(2ab)$ を求め，最後に，その逆数 $2ab/(a+b)$ として定義されている．この平均の値は幾何平均の値よりさらに小さい．つまり，正の 2 数 $a > b > 0$ に対し，

$$\sqrt{ab} > \frac{2ab}{a+b}$$

となる．実のところ，40 点と 80 点の調和平均は 53.33 点となり，幾何平均の場合の 56.57 点よりさらに低くなる．この平均の使用例として，例えば，320 キロの距離の目的地まで，時速 40 キロメートルで行き，帰りは時速 80 キロメートルで戻ってきた．行きは 8 時間かかり，帰りは 4 時間である．合計 640 キロメートルの距離を計 12 時間かけて移動しているので，その平均速度は時速 $640/12 = 53.33$ キロメートルと考えるのが妥当である．これは 40 と 80 の調和平均 53.33 に等しい．これを 40 と 80 の算術平均 60 を用いて，平均速度が時速 60 キロメートルとは考えにくい．

実生活では，幾何平均や調和平均はあまり一般的ではないが，それでも，算術平均を含めたこれらの 3 つの平均はさまざまな学術的な場面で活用されている．しかし，以下の対数平均やアイデントリック平均は極めて限られた場面でしか使用されていない．正の 2 数 $a > b > 0$ の対数平均とは，

$$\frac{a-b}{\log a - \log b}$$

であり，アイデントリック平均は，

$$\frac{1}{e}\left(\frac{a^a}{b^b}\right)^{\frac{1}{a-b}}$$

である．これまでの平均の大小関係は，

$$a > \frac{a+b}{2} > \frac{1}{e}\left(\frac{a^a}{b^b}\right)^{\frac{1}{a-b}} > \frac{a-b}{\log a - \log b} > \sqrt{ab} > \frac{2ab}{a+b} > b$$

となることが知られている（証明は次節に与える）．以前の数値例を使うと，40 と 80 の対数平均の値は 57.71 で，アイデントリック平均の値は 58.86 となる．

　このように，正の 2 数 $a > b > 0$ の平均もたくさん定義されており，これを拡張すれば，無限に平均が作れそうである．ただし，無限に定義式を書くことは不可能なので，1 つ以上のパラメータを式に含めることにより，無限個の平均を 1 つの式で定義することが行われている．本書では，その中のひとつとしてストラスキー平均を使用した（5.4 節）．

■ A.4　平均の大小関係の証明

　前節では，正の 2 数 $a > b > 0$ の平均をいくつか与え，それらの大小関係を示した．ここでは，ストラスキー平均を利用し，それらの大小関係の証明を与える．最初に，2 数 $a > b > 0$ と実数 $t \neq 0$ に対して，関数，

$$F(t) = \frac{a^t \log a - b^t \log b}{a^t - b^t} - \frac{1}{t}$$

を定義する．さらに，$t = 0$ に対しては，$F(0) = \log\sqrt{ab}$ と定義する．このとき，$F(t)$ は連続関数となる．このことを今から証明する．

証明. $F(t)$ が $t \neq 0$ で連続であることは明らかなので，$t = 0$ での連続性について考える．$F(t)$ を，

$$F(t) = \frac{t(a^t \log a - b^t \log b) - (a^t - b^t)}{t(a^t - b^t)}$$

と書き直す．このときの $F(t)$ の分子を $N(t) = t(a^t \log a - b^t \log b) - (a^t - b^t)$ とおく．$(a^t)' = a^t \log a$ なので，順に $N(t)$ を微分すると，

$$N'(t) = t(a^t \log^2 a - b^t \log^2 b)$$

$$N''(t) = a^t \log^2 a - b^t \log^2 b + t(a^t \log^3 a - b^t \log^3 b)$$

が得られる．さらに，$F(t)$ の分母を $D(t) = t(a^t - b^t)$ とおき，順に微分すると，

$$D'(t) = a^t - b^t + t(a^t \log a - b^t \log b)$$

$$D''(t) = 2(a^t \log a - b^t \log b) + t(a^t \log^2 a - b^t \log^2 b)$$

が得られる．$t = 0$ のとき，$N(0) = N'(0) = D(0) = D'(0) = 0$ および $N''(0) = \log^2 a - \log^2 b \neq 0$，$D''(0) = 2(\log a - \log b) \neq 0$ なので，

$$\lim_{t \to 0} F(t) = \frac{\log^2 a - \log^2 b}{2(\log a - \log b)} = \frac{\log a + \log b}{2} = \log \sqrt{ab} = F(0)$$

が導かれ，$F(t)$ は $t = 0$ でも連続となる．□

つぎに，$F(t)$ は狭義増加関数となることを証明する．

証明．$t \neq 0$ のとき，$F(t)$ を微分すると，

$$F'(t) = \frac{(a^t \log^2 a - b^t \log^2 b)(a^t - b^t) - (a^t \log a - b^t \log b)^2}{(a^t - b^t)^2} + \frac{1}{t^2}$$

$$= \frac{1}{t^2} - \frac{a^t b^t (\log a - \log b)^2}{(a^t - b^t)^2}$$

$$= \frac{1}{t^2} - \frac{(a/b)^t \log^2(a/b)}{((a/b)^t - 1)^2}$$

が導かれる．ここで，$x = (a/b)^t$ とおくと，$x > 0$ および $\log x = t \log(a/b)$ なので，$t^2 F'(t)$ は，

$$t^2 F'(t) = 1 - \frac{x \log^2 x}{(x-1)^2} = \frac{(x-1)^2 - x \log^2 x}{(x-1)^2}$$

と書ける．いま，右辺の分子を $f(x) = (x-1)^2 - x \log^2 x$ $(x > 0)$ とおくと，$f'(x) = 2(x-1) - \log^2 x - 2 \log x$ および $f''(x) = 2 - 2(\log x)/x - 2/x = (2/x)(x - 1 - \log x)$ が得られる．狭義の凹関数

$y = \log x \ (x > 0)$ のグラフにおいて，点 $(1,0)$ での接線は $y = x - 1$ であることから，$(x - 1) - \log x$ の値は $x = 1$（すなわち，$t = 0$）を除き完全に正となる．つまり，$f''(x) > 0 \ (x > 0, \ x \neq 1)$ が成り立つ．さらに，$f(1) = f'(1) = 0$ なので，$f(x) > 0 \ (x > 0, \ x \neq 1)$ が導かれる．このことは，$t \neq 0$ において $F'(t) > 0$ を意味する．さらに，$F(t)$ は $t = 0$ で連続であるので，$F(t)$ は狭義増加関数となる．

$\square$

以下の議論には直接関係しないが，極限値を求めることにより（詳細は省略），

$$\lim_{t \to 0} F'(t) = \frac{(\log a - \log b)^2}{12} > 0$$

が得られる．つまり，$F'(0)$ の値を $(\log a - \log b)^2 / 12$ とすれば，$F'(t)$ は任意の t で連続となり，$F(t)$ はなめらかな狭義増加関数であることが分かる．

実数 $r \neq 1$ に対し，関数，

$$g(r) = \frac{\int_1^r F(t) \, dt}{r - 1}$$

を定義する．さらに，$r = 1$ に対して，

$$g(1) = \lim_{r \to 1} g(r) = \lim_{r \to 1} \frac{\int_1^r F(t) \, dt}{r - 1} = \lim_{r \to 1} F(r) = F(1)$$

と定義すると，明らかに，$g(r)$ は連続関数となる．つぎに，$g(r)$ が狭義増加関数となることを証明する．

証明．$r \neq 1$ のとき，

$$g'(r) = -\frac{\int_1^r F(t) \, dt}{(r - 1)^2} + \frac{F(r)}{r - 1}$$

となる．平均値の定理より，

$$\frac{\int_1^r F(t) \, dt}{r - 1} = F(r')$$

となる r' が 1 と r の間に存在する（つまり，$1 < r' < r$ または $r < r' < 1$）．さらに，$F(t)$ が狭義増加することから，$r \neq 1$ のとき，

122 　付録 A　証明と解説

$$g'(r) = \frac{F(r) - F(r')}{r - 1} > 0$$

が成り立つ． $g(r)$ は $r = 1$ でも連続なので，$g(r)$ は狭義増加関数となる． □

これも以下の議論には直接関係しないが，極限値を調べると，

$$\lim_{r \to 1} g'(r) = \lim_{r \to 1} \frac{(r-1)F(r) - \int_1^r F(t)\, dt}{(r-1)^2}$$
$$= \lim_{r \to 1} \frac{(r-1)F'(r)}{2(r-1)} = \frac{F'(1)}{2}$$

が得られる．$F(t)$ は狭義増加なので $F'(1)/2 > 0$ となる．よって，$g'(1) = F'(1)/2$ とすれば，$g'(r)$ は任意の点で連続となり，$g(r)$ がなめらかな狭義増加関数であることが分かる．

異なる 2 実数 $a > b > 0$ および実数 $t \neq 0$ に対して関数，

$$h(t) = \frac{a^t - b^t}{t}$$

を定義する．さらに，$t - 0$ に対して，

$$h(0) = \lim_{t \to 0} h(t) = \lim_{t \to 0} \frac{a^t - b^t}{t} = \lim_{t \to 0}(a^t \log a - b^t \log b) = \log a - \log b$$

と定義すると，$h(t)$ は連続関数となる．さらに，$t > 0$ ならば $a^t > b^t$ となり，$t < 0$ ならば $a^t < b^t$ となる．また，$a > b$ なので，$h(0) > 0$ となる．よって，任意の t に対し，$h(t) > 0$ となる．いま，導関数を求めると，$t \neq 0$ のとき，

$$h'(t) = \frac{(a^t \log a - b^t \log b)t - (a^t - b^t)}{t^2}$$

となる．さらに，$t = 0$ のとき，

$$h'(0) = \lim_{t \to 0} h'(t)$$
$$= \lim_{t \to 0} \frac{(a^t \log a - b^t \log b)t - (a^t - b^t)}{t^2}$$
$$= \lim_{t \to 0} \frac{(a^t \log^2 a - b^t \log^2 b)t}{2t}$$

$$= \frac{\log^2 a - \log^2 b}{2}$$

と定義すると，$h'(t)$ も連続関数となり，$h(t)$ はなめらかな関数となる．このとき，任意の t に対して，$(\log h(t))' = F(t)$ となることを証明する．

証明．なめらかな関数 $h(t) > 0$ に対し，$(\log h(t))' = h'(t)/h(t)$ となるが，$t \neq 0$ のとき，

$$\frac{h'(t)}{h(t)} = \frac{(a^t \log a - b^t \log b)t - (a^t - b^t)}{t^2} \bigg/ \frac{a^t - b^t}{t}$$

$$= \frac{a^t \log a - b^t \log b}{a^t - b^t} - \frac{1}{t} = F(t)$$

となる．一方，$t = 0$ のとき，$F(0) = \log \sqrt{ab}$ を思い出すと，

$$\frac{h'(0)}{h(0)} = \frac{\log^2 a - \log^2 b}{2(\log a - \log b)} = \frac{\log a + \log b}{2} = \log \sqrt{ab} = F(0)$$

となる． $\square$

最後に，任意の r に対し，$\log \mathcal{S}(r) = g(r)$ を証明する．ここで，$\mathcal{S}(r)$ は 2 数 $a > b > 0$ のストラスキー平均で，$r \neq 0, 1$ のとき，

$$\mathcal{S}(r) = \left(\frac{a^r - b^r}{r(a - b)} \right)^{\frac{1}{r-1}}$$

であり，$r = 0, 1$ のとき，それぞれ（対数平均），

$$\mathcal{S}(0) = \frac{a - b}{\log a - \log b}$$

および（アイデントリック平均），

$$\mathcal{S}(1) = \frac{1}{e} \left(\frac{a^a}{b^b} \right)^{\frac{1}{a-b}}$$

である．

証明．$F(t) = (\log h(t))'$ および $h(t) = (a^t - b^t)/t$ $(t \neq 0)$，$h(0) = \log a - \log b$ を思い出す．最初に，$r \neq 1$ の場合を考える．このとき，

$$g(r) = \frac{\int_1^r F(t)\, dt}{r-1}$$

$$= \frac{\int_1^r (\log h(t))'\, dt}{r-1}$$

$$= \frac{1}{r-1} \left[\log h(t)\right]_1^r$$

$$= \frac{1}{r-1} \log \frac{h(r)}{h(1)}$$

となる．ここで，$r \neq 0$ であれば，

$$g(r) = \frac{1}{r-1} \log \frac{h(r)}{h(1)} = \frac{1}{r-1} \log \frac{a^r - b^r}{r(a-b)}$$

$$= \log \left(\frac{a^r - b^r}{r(a-b)}\right)^{\frac{1}{r-1}} = \log \mathcal{S}(r)$$

が得られる．一方，$r = 0$ であれば，

$$g(0) = -\log \frac{h(0)}{h(1)} = \log \frac{h(1)}{h(0)} = \frac{a-b}{\log a - \log b} = \log \mathcal{S}(0)$$

が得られる．最後に，$r = 1$ の場合を考える．ここで，$g(1) = F(1)$ を思い出すと，

$$\log \mathcal{S}(1) = \log \frac{1}{e} \left(\frac{a^a}{b^b}\right)^{\frac{1}{a-b}} = -1 + \frac{a\log a - b\log b}{a-b} = F(1) = g(1)$$

が導かれる． □

　以上で，$\log \mathcal{S}(r) = g(r)$ が証明されたので，この結果を利用する．$g(r)$ は狭義の増加関数なので，$\log \mathcal{S}(r)$ も狭義増加する．対数関数 $y = \log x$ も，当然，狭義増加関数なので，このことは $\mathcal{S}(r)$ が狭義増加することを意味する．よって，

$$\mathcal{S}(-1) < \mathcal{S}(0) < \mathcal{S}(1) < \mathcal{S}(2)$$

すなわち，

$$\sqrt{ab} < \frac{a-b}{\log a - \log b} < \frac{1}{e} \left(\frac{a^a}{b^b}\right)^{\frac{1}{a-b}} < \frac{a+b}{2}$$

が導かれる．他の平均の大小関係は自明なので，その証明は略する．

付録 B

課題とヒント

B.1 第1章の課題

1. 1790 年度の国勢調査結果に対して，除数を 3 万 5000 に選ぶとき，ジェファソン方式の配分結果と議席総数を求めよ.

   ヒント 議席総数は 96 になる.

2. 1790 年度の国勢調査結果に対して，除数を 3 万 8000 に選ぶとき，ウェブスター方式の配分結果と議席総数を求めよ.

   ヒント 議席総数は 95 になる.

3. いま，4 つの州の人口を 74 万 7000 人，57 万 5000 人，18 万 4000 人，15 万 4000 人とする. 除数を 3 万 4500 に選んだときのヒル方式の配分結果と議席総数を求めよ.

   ヒント 幾何平均の値：$\sqrt{4 \times 5} = 4.472$, $\sqrt{5 \times 6} = 5.477$ を利用せよ.

4. 最大剰余方式とウェブスター方式は同一の配分結果を与える傾向にある. その理由を考えよ.

   ヒント すべての州の取り分の小数点以下の端数を四捨五入で丸めた整数の総和が議席総数に等しければ，両方式の配分結果は一致する. 取り分の小数部が 0 から 1 の一様分布に従うと考えるとよい.

5. 最大剰余方式に似たものとしてラウンズ方式が知られている. これは最大剰余方式と同じく，基本配分と追加配分に分けることができる. 基本配分は最大剰余方式と同じで，取り分の整数部だけの議席を各州に与える. 追加配分も各州最大 1 議席を

126 付録 B 課題とヒント

追加するが，そのときの優先基準が異なる．基本配分で議席を受け取らなかった州は最優先で1議席の追加を受けるが，その他の州では，ラウンズ方式では各州の取り分の小数部をその州の基本配分で定まった議席数で割り算し，その数値の大きさで優先順位を決める．もちろん，数値の大きい州が優先される．ラウンズ方式は小州に有利と言われる理由を考えよ．簡単のため，取り分はすべて1より大と仮定せよ．

ヒント 州 i の取り分を q_i とし，取り分の整数部を m_i とする．この問題では，m_i は1以上と仮定している．基本配分で州 i には m_i 議席が与えられる．追加議席の優先順位は，$(q_i - m_i)/m_i = q_i/m_i - 1$ 値で決まる．例えば，取り分が4.5ならば，$q_i/m_i - 1$ の値は $4.5/4 - 1 = .125$ であるが，同じ小数部を持つ取り分として，40.5を考えると，$q_i/m_i - 1$ の値は10分の1の $40.5/40 - 1 = .0125$ となる．

6. 国勢調査とコンピュータの関係を調べよ．

ヒント 国勢調査はわが国でも行われており，馴染み深いものになっている．この調査は人口以外にもさまざまなデータを収集するのに利用されている．しかしながら，あまり多くの情報を集めると，昔は，その処理に時間がかかった．1880年度の国勢調査の最終結果が出されるのに，実に8年を要し，1890年度の国勢調査結果を出すのには10年以上の期間が必要ではないかと心配された．そこで登場したのが，パンチカードシステムである．これは1880年度の国勢調査を手伝ったホレリスという人が発明したシステムである．このパンチカードシステムを活用することにより，1890年度の国勢調査は6年で完了した．あとのことは，IBM というキーワードなどを使い，ネットで調べるとよい．

B.2 第 2 章の課題 127

B.2 第 2 章の課題

1. いま，4 つの州の人口を 74 万 7000 人，57 万 5000 人，18 万 4000 人，15 万 4000 人とする．除数を 3 万 6000 に選んだとき，アダムズ方式の配分結果と議席総数を求めよ．

   ヒント 議席総数は 48 議席になる．

2. いま，2 つの州の人口を $p_1 = x$ 万人と $p_2 = 120$ 万人とする．x は 1 以上の整数とする．アダムズ方式とジェファソン方式を用いて 10 議席を配分すると，どちらの配分方式に対しても唯一の配分として，$a_1 = 6$ 議席と $a_2 = 4$ 議席となった．このときの，x の値（範囲）を求めよ．

   ヒント アダムズ方式の丸め関数は $d(n) = n$ であり，ジェファソン方式の丸め関数は $d(n) = n+1$ である．配分が $a_1 = 6$ 議席，$a_2 = 4$ 議席であり，しかも，その配分は唯一に決まる（つまり，同順位の配分は存在しない）．また，どちらの州も 2 議席以上を受け取っているので，$S = T = \{1, 2\}$ である．よって，アダムズ方式のハンティントンの不等式は $\max\{x/6, 120/4\} < \min\{x/5, 120/3\}$ となり，ジェファソン方式のハンティントンの不等式は $\max\{x/7, 120/5\} < \min\{x/6, 120/4\}$ となる．この 2 つの不等式から整数 x の範囲を求めればよい．

   解説 $x = 150$ のとき，アダムズ方式は $a_1 = 6$ 議席と $a_2 = 4$ 議席の配分以外に $a_1 = 5$ 議席と $a_2 = 5$ 議席の配分も与える．$x = 210$ のとき，ジェファソン方式は $a_1 = 6$ 議席と $a_2 = 4$ 議席の配分以外に $a_1 = 7$ 議席と $a_2 = 3$ 議席の配分も与える．つまり，どちらの x の値の場合にも，同順位の配分が生じている．

3. アダムズ方式が h 議席の配分 $(a_1, \ldots, a_s)$ を定めたとする．変数 x_i $(1 \leq i \leq s)$ は 1 以上の整数とし，等式条件 $\sum_{i=1}^{s} x_i = h$ を満たすとすれば，$x_i = a_i$ $(1 \leq i \leq s)$ が，

$$\max_{1 \leq i \leq s} \frac{p_i}{x_i}$$

を最小にすることを示せ．ここで，p_i は州 i の人口である．

$\boxed{\text{ヒント}}$ 同じことであるが，アダムズ方式の配分は x_i/p_i $(1 \leq i \leq s)$ の最小値を最大にする．いま，アダムズ方式の配分 $(a_1, \ldots, a_s)$ が x_i/p_i $(1 \leq i \leq s)$ の最小値を最大にしていないと仮定する．すなわち，$\min_{1 \leq i \leq s} b_i/p_i > \min_{1 \leq i \leq s} a_i/p_i$ となる h 議席の配分 $(b_1, \ldots, b_s)$ を仮定する．このとき，a_i/p_i $(1 \leq i \leq s)$ を最小にする任意の州 i^* に対して，$b_{i^*}/p_{i^*} > a_{i^*}/p_{i^*}$ なので，$b_{i^*} \geq a_{i^*} + 1$ でなければならない．すると，$\sum_{i=1}^{s} a_i = \sum_{i=1}^{s} b_i = h$ なので，$b_{j^*} \leq a_{j^*} - 1$ となる州 j^* が存在する．州 i^* の定義より，$b_{j^*}/p_{j^*} > a_{i^*}/p_{i^*}$ となるので，$(a_{j^*} - 1)/p_{j^*} > a_{i^*}/p_{i^*}$ が成り立つ．しかし，州 i^*, j^* に関して，ハンティントンの不等式を考えると矛盾が生じるはずである．

4. ジェファソン方式が h 議席の配分 $(a_1, \ldots, a_s)$ を定めたとする．変数 x_i $(1 \leq i \leq s)$ は 1 以上の整数とし，等式条件 $\sum_{i=1}^{s} x_i = h$ を満たすとすれば，$x_i = a_i$ $(1 \leq i \leq s)$ が，

$$\max_{1 \leq i \leq s} \frac{x_i}{p_i}$$

を最小にすることを示せ．ここで，p_i は州 i の人口である．

5. すべての州の取り分が 1 以上のとき，ジェファソン方式では，州に与える議席数は，その州の取り分の整数部の値以上になることを示せ．

$\boxed{\text{ヒント}}$ 除数を基準人数 π/h に選ぶ．その時の商は取り分の値に等しい．ジェファソン方式では商（取り分に等しい）の小数点以下の端数を切り捨てた数（整数）の議席を各州に与えることに注意する．さらに，そのときの配分議席の総計は h より小さい．だから，配分議席数の合計をちょうど h にするためには，除数の値をいまより小さくする必要がある．除数を小さくしたときの配分議席数はどうなるかを考えよ．

6. すべての州の取り分が 1 以上のとき，アダムズ方式では，州に

与える議席数は，その州の取り分の整数部に1を足した値以下
になることを示せ．

B.3 第3章の課題

1. いま，4つの州の人口を順に74万7000人，57万5000人，18
   万4000人，15万4000人とする．ここに，48議席を配分する．
   アダムズ方式の配分は，順に，21議席，16議席，6議席，5議席
   になる．2州間の選挙区サイズの格差が小さくなるように，何
   度か議席を移動させることにより，ヒル方式の配分を求めよ．
   ヒント　4つの州の選挙区サイズを求めよ．1議席の移動を2
   回行えば，ヒル方式の配分が得られる．このとき，議席は人口
   の少ない州から多い州へ移動する．

2. 州の数を4，議席総数を10議席とする．州の人口を446万人，
   346万人，142万人，66万人とする．初期配分を順に6議席，
   2議席，1議席，1議席として，ハンティントンの議席移動条
   件を調べて，ウェブスター方式とヒル方式の配分をそれぞれ求
   めよ．

3. 表B.1の数値例はチェイフィーという人が作ったものである．
   彼は熱烈なヒル方式支持者である．州の数は5，議席総数は62
   議席，各州の人口は表に示したとおりである．アダムズ方式
   (A)，ディーン方式 (D)，ヒル方式 (H)，ウェブスター方式
   (W)，ジェファソン方式 (J) を用いて配分した結果も与えて

表 **B.1** 仮想人口，取り分，5つの配分

州	人口	取り分	A	D	H	W	J
1	10,420,200	52.101	50	51	52	53	54
2	542,000	2.710	3	3	3	3	2
3	491,800	2.459	3	3	3	2	2
4	487,600	2.438	3	3	2	2	2
5	458,400	2.292	3	2	2	2	2
合計	12,400,000	62.000	62	62	62	62	62

130 付録 B 課題とヒント

いる．アダムズ方式の配分結果から，ハンティントンの議席移動条件を調べて，ディーン方式，ヒル方式，ウェブスター方式の配分を導け．

ヒント 答えは分かっているのであるから，どの州からどの州に1議席を移動すればいいのか考えながら，計算を進めよ．

4. 州の人口を $p_1 = 63$ 万人，$p_2 = 14$ 万人，$p_3 = 3$ 万人とする．この3州間で8議席を配分する．アダムズ方式の配分は $a_1 = 5$ 議席，$a_2 = 2$ 議席，$a_3 = 1$ 議席となる．それぞれの州の選挙区サイズを調べて，異なる2州間の格差（割り算で定義）の総和を求めよ．さらに，ヒル方式の配分 $a_1 = 6$ 議席，$a_2 = 1$ 議席，$a_3 = 1$ 議席に対しても，それぞれの選挙区サイズを調べて，異なる2州間の格差（割り算で定義）の総和を求めよ．

5. 異なる2州 i と j の間で1議席の移動を行うとき，ハンティントンは i と j の間の格差以外，すべての2州間の格差の変化を無視している．この点について議論せよ．

ヒント 明確な答えはないと思われるが，ハンティントンはこの事実を認識はしていたものの，1議席の移動ができなくなるまで配分を変化させるとヒル方式の配分が得られたので，これで良しとした．

▌ B.4　第4章の課題

1. 丸め関数が $d(n) = n + 0.5$ のウェブスター方式に対し，$1 < a_i < a_j$ のとき，式 (4.1) の州 i が有利となる確率が 0.5 になることを確認せよ．また，式 (4.1) を参考にして，ウェブスター方式に対し，$a_i = 1$，$a_j = 10$ としたとき，州 i が有利となる確率を求めよ．

ヒント 前半では式 (4.1) に代入すればよいだけである．後半では $d(0) = 0$ に注意する必要がある．

2. バリンスキー・ヤングの確率の計算式 (4.1) では狭義の不等式

$a_i < a_j$ を仮定している．なぜ，両方の州の受け取る議席数が同じ場合，つまり，$a_i = a_j$ の場合は無視したのかを議論せよ．

ヒント この場合，一方の州の人口が常に小さいわけではない．

3. ウィルコックスは配分結果が大州と小州に偏りを持つかどうかを判定する前に，基準人数（総人口÷議席総数）より人口が少ない州を除外した．一方，バリンスキーとヤングは基準人数の半分より少ない人口の州を除外すべきと主張した．除外する州の定め方により，配分方式の偏りも変化する可能性があり，このことも無視できない．この点について，議論せよ．

ヒント 基準人数より少ない人口の州を除外するのが一般的である．ただし，この点に関しては，後年，アメリカの裁判所でも争われたが，結局，結論はでなかった．

4. いま，2つの州 1, 2 を考える．配分方式の同次性より，人口は正の実数と考えてもよい．州 1 の人口 p_1 が区間 $[1, 2]$ 上の一様乱数，州 2 の人口 p_2 が区間 $[2, 3]$ 上の一様乱数とする．すなわち，州 1 の人口のほうが州 2 の人口より小さい．$1 < p_1 < 1.5$ ならば $a_1 = 1$，$1.5 < p_1 < 2$ ならば $a_1 = 2$，さらに，$2 < p_2 < 2.5$ ならば $a_2 = 2$，$2.5 < p_2 < 3$ ならば $a_2 = 3$ とする．このとき，州 1 が有利となる確率を求めよ．

ヒント $p_1 p_2$ 平面上で 4 頂点 $(1,2)$, $(2,2)$, $(2,3)$, $(1,3)$ を持つ正方形が我々の対象とする領域である．州 1 の選挙区サイズが州 2 のそれより小さければ，州 1 は州 2 より有利である．つまり，$p_1/a_1 < p_2/a_2$，あるいは，$p_2 > (a_2/a_1)p_1$ ならば，州 1 のほうが有利である．いま，面積が 1 のこの正方形を 2 直線 $p_1 = 1.5$ と $p_2 = 2.5$ で 4 等分する．4 等分された 4 つの領域を 1/4 領域と呼ぶ．$1 < p_1 < 1.5$ かつ $2 < p_2 < 2.5$ の 1/4 領域では $a_1 = 1$, $a_2 = 2$ となる．だから，この 1/4 領域で，さらに，$p_2 > 2p_1$ を満たす領域では，州 1 のほうが有利となる．$1.5 < p_1 < 2$ かつ $2 < p_2 < 2.5$ の別の 1/4 領域では，$a_1 = 2$, $a_2 = 2$ なので，$p_2 > p_1$ を満たす領域では，州 1 のほうが有

利となる．しかし，この $1/4$ 領域では，$p_1 < 2 < p_2$ なので，常に州 1 のほうが有利となる．残り 2 つの $1/4$ 領域について，同様の考察をすれば結論が得られる．

5. 上記と同じ設定で，$1 < p_1 < \sqrt{2}$ ならば $a_1 = 1$，$\sqrt{2} < p_1 < 2$ ならば $a_1 = 2$，さらに，$2 < p_2 < \sqrt{6}$ ならば $a_2 = 2$，$\sqrt{6} < p_2 < 3$ ならば $a_2 = 3$ とする．ここで，$\sqrt{6} = 2.4495$ とする．州 1 のほうが有利となる確率が 0.535 となることを示せ．

6. 大筋は本文に書かれているが，人口の少ないほうの州が有利となる確率の式 (4.1) の値が 0.5 のとき，$a_i = 2$，$a_j = n$ をこの式に代入すれば，$d(n-1) + d(n) = 2n$ となることを示せ．ただし，n は 3 以上の整数とする．

   ヒント 式 (4.1) に $a_i = 2$，$a_j = n$ を代入した式の値を 0.5 とおき，式を変形せよ．また，$d(1) + d(2) = 4$ も使え．

7. n が 1 以上の奇数のとき，式 (4.2) が成り立つことを示せ．

8. 3.4 節の議論から，ディーン方式とウェブスター方式は対称の関係にあるとハンティントンは述べた．しかし，4.3 節の議論ではヒル方式とウェブスター方式が対称の関係にあるようにも思える．この点を議論せよ．

9. 丸め関数 $d(n) = n + 0.9$ の除数方式の配分結果はジェファソン方式の配分に近いことが期待される．すなわち，この除数方式は人口の多い州に大きな偏りのある配分結果を与える傾向を持つ．それにもかかわらず，大州・小州への偏りがゼロの配分を与える数値例を作ることが可能である．そのような数値例を作成せよ．大州は平均人口より多い人口を持つ州とし，小州は基準人数より多く，平均人口より少ない人口を持つ州とする．

   ヒント 州の数を 20 とする．議席総数を 128 議席とする．$\varepsilon > 0$ は十分小さな値とする．大州の数を 10 とし，9 つの州の取り分を $10.9 + \varepsilon$，残り 1 州の取り分を $10.9 - 9\varepsilon$ とする．小州の数を 10 とし，9 つの州の取り分を $1.9 + \varepsilon$，残り 1 州の取

り分を $1.9 - 9\varepsilon$ とする.

10. もう一度, 表 B.1 の数値例を考える. これは「ヒル方式は偏りのない配分方式である」ということを主張するためにチェイフィーという人が作ったものである. ここで, 別の数値例 (表 B.2) を考える. 州の数は 5, 議席総数は 62 議席, 各州の人口は表に示したとおりである. これら 2 つの数値例に対し, アダムズ方式 (A), ディーン方式 (D), ヒル方式 (H), ウェブスター方式 (W), ジェファソン方式 (J) を用いて配分した結果がそれぞれの表に示されている. 両者の結果を比較検討せよ.

表 **B.2** 仮想人口, 取り分, 5 つの配分

州	人 口	取り分	A, D	H	W	J
1	10,750,000	53.750	52	53	54	55
2	497,400	2.487	3	3	3	2
3	494,600	2.473	3	3	2	2
4	494,000	2.470	3	2	2	2
5	164,000	0.820	1	1	1	1
合計	12,400,000	62.000	62	62	62	62

11. 州の数を 3, 議席総数を 100 議席とする. 人口は未知であるが, アダムズ方式, ディーン方式, ヒル方式の配分結果は表 B.3 のようになっている. 各州の人口を定めよ.

表 **B.3** 未知の取り分, 3 つの異なる配分結果

州	取り分	A	D	H
1	x	96	97	98
2	y	2	2	1
3	z	2	1	1
合計	100	100	100	100

ヒント 州 1, 2, 3 の取り分を順に x, y, z とする. さらに, $x > y > z$ と仮定する. もちろん, $x + y + z = 100$, $z > 0$ である. ここで, ハンティントンの不等式を使うが, 州の人口と取り

分は完全に比例しているので，ハンティントンの不等式の人口
は取り分で置き換えることができる．アダムズ方式のハンティ
ントンの不等式は $\max\{x/96, y/2, z/2\} < \min\{x/95, y, z\}$ とな
るが，$y > z$ と仮定しているので，これは，$\max\{x/96, y/2\} <$
$\min\{x/95, z\}$ と書き直せる．または，

$$x/96 < z, \quad y/2 < x/95, \quad y/2 < z \qquad (B.1)$$

と表現できる．ディーン方式に対しては，$\max\{x/H_{97}, y/H_2,$
$z/H_1\} < \min\{x/H_{96}, y/H_1\}$ となる．ここで，H_n は連続する
2整数 n と $n+1$ の調和平均 $H_n = 2n(n+1)/(2n+1)$ である．
また，州3は1議席の配分なので，右辺にはこれに対応する
項が現れない．これを書き換えると，

$$x/H_{97} < y/H_1, \quad y/H_2 < x/H_{96}, \quad z/H_1 < x/H_{96} \qquad (B.2)$$

が得られる．最後に，ヒル方式のハンティントンの不等式は
$\max\{x/G_{98}, y/G_1\} < x/G_{97}$ となる．ここで，$y > z$ なので州
3の項は左辺には現れない．また，G_n は連続する2整数 n と
$n+1$ の幾何平均 $G_n = \sqrt{n(n+1)}$ である．これを書き換え
ると，

$$y/G_1 < x/G_{97} \qquad (B.3)$$

となる．だから，条件式 (B.1)，(B.2)，(B.3) 以外に，

$$x > y, \quad y > z, \quad z > 0, \quad x + y + z = 100 \qquad (B.4)$$

を満たす x, y, z を求めればよい．ここで，実際の数値を計
算すると，

$$1 < H_{96}/H_2 < 95/2 < G_{97}/G_1$$

なので，上記の条件式の中で，$y/G_1 < x/G_{97}$ の条件さえあれ
ば，$y/H_2 < x/H_{96}$，$y/2 < x/95$，$x > y$ が不要になる．さら
に，$x/96 < z$ かつ $y/G_1 < x/G_{97}$ ならば $y < (G_1/G_{97})x <$

$(G_1/G_{97}) \times 96z < 2z$ なので，$y/2 < z$ は不要で，$y/2 < z$ かつ $y > z$ であれば $z > 0$ なので，$z > 0$ も不要となる．だから，必要な条件は $x/96 < z$，$x/H_{97} < y/H_1$，$z/H_1 < x/H_{96}$，$y/G_1 < x/G_{97}$，$y > z$，$x + y + z = 100$ と簡単化される．いま，$z = 100 - x - y$ なので，上記の5つの不等式にこれを代入し z を消去すると，2変数 x, y を用いた5つの不等式が導かれる．これらの不等式の表す領域を xy 平面上に求めるとよい．領域は5角形の内部となる．その中の点として，例えば，ディーン方式の州1の配分値に近い取り分の値として，$x = 97.3$，$y = 1.4$ を選んでみる．当然，$z = 1.3$ となるので，各州の人口を，例えば，97万3000人，1万4000人，1万3000人とすれば，配分結果は表 B.3 のようになる．

12. いま，2つの大州の人口は $p_1 = 1051$ 万人，$p_2 = 1049$ 万人，さらに，2つの小州の人口は $p_3 = 101$ 万人，$p_4 = 99$ 万人と設定する．議席総数を $h = 23$ とする．アダムズ方式，ディーン方式，ヒル方式，ウェブスター方式，ジェファソン方式，最大剰余方式を用いて議席を配分せよ．さらに，大州グループの取り分の和と議席の和，小州グループの取り分の和と議席の和を調べ，それぞれの配分方式の偏りについて調べよ．

　$\boxed{\text{ヒント}}$　取り分を調べよ．直ちに，ウェブスター方式と最大剰余方式の配分結果が分かる．また，取り分の値を 1.05 で割り算をすると，細かく計算をしなくてもアダムズ方式の配分が見つかる．今度は，取り分に 11.01/10.51 を掛けてやると，ジェファソン方式の配分が得られる．ディーン方式とヒル方式の配分を得るには，どちらも，除数として 100 万 2000 を選ぶとよい．調和平均の値：$220/21 = 10.476$，および，幾何平均の値：$\sqrt{10 \times 11} = 10.488$ を利用せよ．これら6方式の配分はすべて同じ結果となる．

B.5 第5章の課題

1. ジェファソン方式が h 議席の配分 $(a_1, \ldots, a_s)$ を定めたとする.
   変数 x_i $(1 \leq i \leq s)$ は1以上の整数とし,等式条件 $\sum_{i=1}^{s} x_i = h$
   を満たすとすれば,$x_i = a_i$ $(1 \leq i \leq s)$ が,

   $$\sum_{i=1}^{s} \frac{x_i^2 + x_i}{2p_i}$$

   を最小にすることを示せ.ここで,p_i は州 i の人口である.

   ヒント 狭義の凸関数 $f_i(x) = (x^2 + x)/(2p_i)$ に対し,差分関
   数は,

   $$u_i(x) = f_i(x+1) - f_i(x) = (x+1)/p_i$$

   となる.最大最小不等式を書けば,

   $$\max_{j \in T} u_j(a_j - 1) < \min_{i \in S} u_i(a_i)$$

   となる.これに,$u_i(x) = (x+1)/p_i$,および,ジェファソン
   方式のハンティントンの不等式を用いよ.

2. アダムズ方式が h 議席の配分 $(a_1, \ldots, a_s)$ を定めたとする.変
   数 x_i $(1 \leq i \leq s)$ は1以上の整数とし,等式条件 $\sum_{i=1}^{s} x_i = h$
   を満たすとすれば,$x_i = a_i$ $(1 \leq i \leq s)$ が,

   $$\sum_{i=1}^{s} \frac{x_i^2 - x_i}{2p_i}$$

   を最小にすることを示せ.ここで,p_i は州 i の人口である.

   ヒント 最大最小不等式とハンティントンの不等式を用いよ.

3. ウェブスター方式が h 議席の配分 $(a_1, \ldots, a_s)$ を定めたとする.
   変数 x_i $(1 \leq i \leq s)$ は1以上の整数とし,等式条件 $\sum_{i=1}^{s} x_i = h$
   を満たすとすれば,$x_i = a_i$ $(1 \leq i \leq s)$ が,

   $$\sum_{i=1}^{s} \frac{4x_i^3 - x_i}{12p_i^2}$$

   を最小にすることを示せ.ここで,p_i は州 i の人口である.

B.5 第 5 章の課題 137

ヒント 狭義の凸関数 $f_i(x) = (4x^3 - x)/(12p_i^2)$ に対し，差分関数は，

$$u_i(x) = f_i(x+1) - f_i(x) = ((x+0.5)/p_i)^2$$

となる．つぎに，最大最小不等式とハンティントンの不等式を用いる．このとき，正の a, b に対し，$a^2 < b^2$ ならば $a < b$ に注意する．

解説 $p_i f(a_i, p_i) = (4a_i^3 - a_i)/(12p_i^2)$ とおくと，$f(a_i, p_i) = (4a_i^3 - a_i)/(12p_i^3)$ となるが，関数 $f(x, y) = (4x^3 - x)/(12y^3)$ は，明らかにゼロ次同次性を満たさない．しかし，ウェブスター方式はゼロ次同次性を満たす関数 $f(x, y) = (x/y)^2$ を持つことに注意すべきである．だから，ジェファソン方式に対応する関数 $f(x, y) = (x^2 + x)/(2y^2)$ がゼロ次同次性を満たさないことをもって，ジェファソン方式が緩和比例しないとは言えない．

4. ヒル方式が h 議席の配分 $(a_1, \ldots, a_s)$ を定めたとする．変数 x_i $(1 \le i \le s)$ は 1 以上の整数とし，等式条件 $\sum_{i=1}^{s} x_i = h$ を満たすとすれば，$x_i = a_i$ $(1 \le i \le s)$ が，

$$\sum_{i=1}^{s} \frac{x_i^3 - x_i}{3p_i^2}$$

を最小にすることを示せ．ここで，p_i は州 i の人口である．

ヒント 最大最小不等式とハンティントンの不等式を用いよ．

5. 議席総数を h 議席，人口を $(p_1, \ldots, p_s)$ とする．つぎに，異なる 2 つの実数 r_1 と r_2 $(r_1 < r_2)$ を考える．$r_1 \le r \le r_2$ となるすべての r に対し，配分方式 $\mathcal{S}(n, r)$ はただ 1 つの配分結果を定める（同順位の配分はない）とする．いま，2 つの配分方式 $\mathcal{S}(n, r_1)$ と配分方式 $\mathcal{S}(n, r_2)$ が同一の配分 $(a_1, \ldots, a_s)$ を与えるとき，配分方式 $\mathcal{S}(n, r)$ $(r_1 < r < r_2)$ も同じ配分 $(a_1, \ldots, a_s)$ を与えることを示せ．

ヒント ストラスキー平均 $\mathcal{S}(n, r)$ は r に関して，狭義増加であ

ることに注意する．配分方式 $\mathcal{S}(n, r_1)$ が唯一の配分 $(a_1, \ldots, a_s)$ を与えるのであるから，s 本の狭義の不等式 $\mathcal{S}(a_i - 1, r_1) < p_i/\lambda < \mathcal{S}(a_i, r_1)$ $(1 \le i \le s)$ を満たす除数 $\lambda = \lambda'$ が存在する．これらの不等式は狭義なので，パラメータ r の値を r_1 から増加させることができる．たとえ途中で増加ができなくなっても，除数 λ の値を減少させれば，再び，r の値を増加することができる．このことを具体的に述べると以下のようになる．

λ の値を λ' に固定し，r の値を r_1 から増加させる．s 本の狭義の不等式がすべて成り立ったまま，r_2 まで増加できれば，問題が解決し，何もすることがない．そうでなければ，$\mathcal{S}(a_i - 1, r) = p_i/\lambda'$ となる r の値 r' と州 i' が見つかる．そこで，r を r' に固定し，λ を λ' から減少させると，州 i' の等式は，再度，狭義の不等式 $\mathcal{S}(a_{i'} - 1, r') < p_{i'}/\lambda$ に変わる．しかしながら，そのうち，$\mathcal{S}(a_i, r') = p_i/\lambda$ となる λ の値 λ'' と州 i'' が見つかる．つぎは，λ の値を λ'' に固定し，r の値を r' から増加させる．このとき，等式 $\mathcal{S}(a_{i''}, r') = p_{i''}/\lambda''$ は狭義の不等式 $\mathcal{S}(a_{i''}, r) > p_{i''}/\lambda''$ に変わる．同順位の配分が生じない限り，この操作は続き，r の値を r_2 まで増加させることができる．

解説 問題の条件とは異なるが，パラメータ r と除数 λ のある値に対し，$\mathcal{S}(a_j - 1, r) = p_j/\lambda$ かつ $\mathcal{S}(a_i, r) = p_i/\lambda$ となる 2 州 i, j があれば，他の $s-2$ 州で，狭義の不等式 $\mathcal{S}(a_k - 1, r) < p_k/\lambda < \mathcal{S}(a_k, r)$ が成り立っていても，r の値をこれ以上増加することはできない．このとき，$a_j \ge 2$ であり，配分 $(a_1, \ldots, a_s)$ と $b_i = a_i + 1$, $b_j = a_j - 1$, $b_k = a_k$ $(k \ne i, j)$ を満たす配分 $(b_1, \ldots, b_s)$ は同順位となる．

B.6 第 6 章の課題 | 139

B.6 第 6 章の課題

1. 最大剰余方式が h 議席の配分 $(a_1, \ldots, a_s)$ を定めたとする．変数 x_i $(1 \leq i \leq s)$ は 1 以上の整数とし，等式条件 $\sum_{i=1}^{s} x_i = h$ を満たすとすれば，$x_i = a_i$ $(1 \leq i \leq s)$ が，

$$\sum_{i=1}^{s} |x_i - q_i|$$

を最小にすることを示せ．ここで，q_i は州 i の取り分である．

ヒント $y = |x - q_i|$ のグラフは V 字型になるので，$|x - q_i|$ の値の最小値を与える整数は q_i の整数部の値かそれに 1 を加えた整数のどちらかである．基本配分を行い，議席が配分されていない州には 1 議席を与える．そのあと，議席を追加するとき，つぎのことに注意すればよい．例えば，取り分の小数部が 0.2 の州に 1 議席を追加すると，問題の関数値は 0.6 増加する，一方，小数部が 0.7 ならば 0.4 減少する．

2. 除数方式を用いたとして，表 6.2 の仮想人口の議席配分問題において，小州が 3 議席を受け取ることはあり得ないことを示せ．

ヒント 配分方式 $d(n)$ において，人口 p の州が n 議席を受け取るとは，$d(n-1) < p/\lambda < d(n)$ を意味する．州 2 から州 7 の小州は 1 議席は受け取るので，州 1 は最大 94 議席しか受け取れない．すなわち，$91490/\lambda \leq d(94)$ が成り立たなければならない．どこかの小州が 3 議席を受け取るならば，弱人口単調性より，州 2 は 3 議席以上を受け取らなければならない．すなわち，$1660/\lambda \geq d(2)$ が成り立たなければならない．

3. 表 B.4 の数値例は以前にも出てきたものであり，チェイフィーという人が作ったものである．州の数は 5，議席総数は 62 議席，各州の人口は表に示したとおりである．中庸方式の州 1 と州 3 の配分議席数 a_1 と a_3 をそれぞれを求めよ．

ヒント 中庸方式を使うと，州 1 と州 3 には，それぞれ，52 議席

140 付録 B　課題とヒント

表 B.4 仮想人口，取り分，配分（ヒル方式，中庸方式，ウェブスター方式）

州	人 口	取り分	H	中庸	W
1	10,420,200	52.101	52	a_1	53
2	542,000	2.710	3	3	3
3	491,800	2.459	3	a_3	2
4	487,600	2.438	2	2	2
5	458,400	2.292	2	2	2
合計	12,400,000	62.000	62	62	62

と 3 議席，もしくは，53 議席と 2 議席が与えられる．中庸方式の
丸め関数の値 $d(2) = 2.4747$, $d(52) = 52.4988$ を用いよ．除数
として，19 万 8600 を選ぶとよい．あるいは，$\sqrt{10420200 \times 52} + \sqrt{491800 \times 3}$ と $\sqrt{10420200 \times 53} + \sqrt{491800 \times 2}$ の大小関係を
利用してもよい．

4. 関数方程式（コーシーの関数方程式）

$$f(x + y) = f(x) + f(y)$$

を考える．関数 $f(x)$ は連続関数とする．(i) $f(0) = 0$, $f(-x) = -f(x)$ を示せ．(ii) 正の整数 n に対して，$f(n) = nf(1)$ を示
せ．(iii) 正の整数 n, m に対して，$f(n/m) = n/mf(1)$ を示せ．
ヒント　x, y は実数であるが，これにいろいろな値を代入す
るとよい．例えば，$x = y = 1$ を代入すると，$f(2) = 2f(1)$ が
得られる．

解説　問題 (i) より，関数 $f(x)$ が奇関数であることと (iii) の
結果から，x が任意の有理数のとき，$f(x) = xf(1)$ が成り立
つ．$f(1)$ は定数であるが，特に値は定まらないので，C を任
意定数として，x が任意の有理数のとき，$f(x) = Cx$ が関数
方程式の解となる．また，関数の連続性より，x が実数であっ
ても，$f(x) = Cx$ が関数方程式の解となる．関数方程式では
すべての解（関数）が要求されている．実際，連続な関数は
$f(x) = Cx$ 以外には存在しない．

5. 正の実数 x, y に対して，関数方程式，

$$f(xy) = f(x) + f(y)$$

を考える. 関数 $f(x)$ は連続関数とするとき, 解を求めよ.

ヒント $g(X) = f(e^X)$, $g(Y) = f(e^Y)$ とおくと,

$$g(X + Y) = f(e^{X+Y}) = f(e^X \cdot e^Y) = f(e^X) + f(e^Y)$$
$$= g(X) + g(Y)$$

となり, $g(X)$ はコーシーの関数方程式を満たすので, C を任意定数として, $g(X) = CX$, つまり, $f(e^X) = CX$ のみが解となる. あとは, $x = e^X$ とおくとよい.

B.7 第7章の課題

1. 表 7.4 の議席配分問題を考える. 人口は $p_1 = 28759$, $p_2 = 1735$, $p_3 = 1522$, 議席総数は $h = 39$ とする. 各州に与えられる議席数を a_1, a_2, a_3 とする. このとき, 配分方式 $d(n)$ を用いたとき, $a_1 \geq 34$ を示せ.

   ヒント これは $a_1 \leq 33$ かつ $a_2 \geq a_3 \geq 1$ かつ $a_2 + a_3 \geq 6$ とすることが不可能であることを示せばよい. $a_1 \leq 33$ は, $28759/\lambda < d(33)$ を意味する. $d(33) \leq 34$ の関係を利用すると, $\lambda > 28759/34 = 845.853$ となる. このとき, 州 2 では $1735/\lambda < 1735/845.853 = 2.05$ となる. 同様に, 州 3 では $1522/\lambda < 1522/845.853 = 1.799$ となる.

2. 上記の問題で配分方式 $d(n)$ を用いるとして, $a_1 = 34$ のとき, a_2 と a_3 の値を求めよ. さらに, $a_1 = 35$, $a_1 = 36$, $a_1 = 37$ のとき, それぞれ, a_2 と a_3 の値を求めよ.

   ヒント 弱人口単調性より, $p_i > p_j$ ならば $a_i \geq a_j$ に注意する. すなわち, $a_1 \geq a_2 \geq a_3 \geq 1$ でなければならない. $a_1 + a_2 + a_3 = 39$ なので, $a_1 = 34$ ならば, $a_2 + a_3 = 5$ となるので, 条件を満たす (a_2, a_3) は 2 組しか存在しない.

142 　付録 B　課題とヒント

3. 表 7.4 の議席配分問題に配分方式 $d(n)$ を用いたとき，可能な議席配分 (a_1, a_2, a_3) の中から，選挙区サイズ p_i/a_i の最大値と最小値の比率，つまり，最大格差が最小になるのは $(35, 2, 2)$ であることを確認せよ．

[ヒント]　可能な議席配分 (a_1, a_2, a_3) は $(34, 3, 2)$ と $(35, 2, 2)$ を含め，全部で 6 組存在する．

4. アメリカの人口分布ではアダムズ方式が，1 票の価値（選挙区サイズまたは 1 人当たり議席数）の最大格差を最小にする傾向にある．なぜそうなるのかを論じよ．

[ヒント]　人々は自由に移住できるかどうか，明確な理由を与えるのは難しいが，多くの場合，人口が極めて少ない州が存在する．その州にも 1 議席が与えられ，その結果，しばしば，その州の人口が最小の選挙区サイズとなる．すると，最大格差の最小化は，最大の選挙区サイズの最小化となる．このような性質を持つ配分方式はどのような方式かを考えよ．

あとがき

人口に比例して議席を配分することは，厳密な意味では，不可能である．アメリカの偉大な政治家であるウェブスターは，これに対し，完全な形で実行することができないのであれば，可能な限り完全に近い形で行うべきだと主張した．つまり，完全人口比例配分ができないのであれば，できるだけ人口に比例して議席を配分すべきと解釈した．さらに，できるだけ人口に比例して議席を配分することは，各州の1票の価値をできるだけ同じ値にするように議席を配分することと解釈されている．ところで，州の1票の価値はどのようにして定めればよいのか？ ヒル方式の支持者たちは，州の1票の価値は a_i/p_i と p_i/a_i の両方で測るべきと主張する．もちろん，a_i は州 i に配分される議席数で，p_i はその州の人口である．

本書では，この2つのタイプの1票の価値を可能な限り半等にするため，2つの異なるエントロピーを最大にし，これを実現することにした．つまり，パラメータ r の範囲が $0 < r < 1$ となるストラスキー平均 $\mathcal{S}(n,r)$ を丸め関数にする除数方式を使用することにより，2つのタイプの1票の価値を可能な限り平等にした．さらに，州の人口と州の議席数が，できるだけ比例する関係は，対称な2項関係であることから，それを実現する配分方式はパラメータ r の値が 0.5 となる配分方式 $\mathcal{S}(n,r)$ であることを述べた．

また，人口比例配分の観点から，妥当な配分方式はアラバマ・パラドックスなどの奇妙な現象を避けるべきである．すなわち，配分方式は人口単調性を満たすべきで，その結果，我々の対象とすべきものは除数方式となる．最適化による配分方式 f が除数方式を表す

とき，これに緩和比例の性質を追加すれば，その配分方式はストラスキー平均 $\mathcal{S}(n,r)$ を丸め関数にする除数方式に限定される．この事実は重要で，関数方程式を解くことにより，このことを明らかにした．その結果，ベストな配分方式は，$r = 0.5$ のストラスキー平均 $\mathcal{S}(n,r)$ を丸め関数に持つ除数方式となる．すなわち，ベストな配分方式は，$\sum_{i=1}^{s} \sqrt{p_i a_i}$ を最大にする配分方式（中庸方式）となる．200 年以上，人々を悩ませてきた難問がこれで解決したのであれば幸いである．

謝辞

厳しい出版状況のなか，近代科学社の小山透社長には本書の出版を即断頂いた．さらに，同社の安原悦子氏にはイラストをはじめ，本書を読みやすいように工夫頂いた．お二人に厚く御礼申し上げたい．

参考文献

　本書の執筆に際し，参考にした文献のいくつかをウェブスター方式を支持するものと，ヒル方式を支持するものに分けて示した．

ウェブスター方式を支持するもの：

1. M. L. Balinski and H. P. Young, *Fair Representation, Meeting the Ideal of One Man, One Vote*, 2nd Edition, Brookings Institution Press, Washington, D.C., 2001.
2. F. W. Owens, On the Apportionment of Representatives, *Quarterly Publications of the American Statistical Association*, Vol. **17** (1921), pp. 958–968.
3. W. F. Willcox, The Apportionment of Representatives, *The American Economic Review*, Vol. **6** (1916), pp. 3–16.
4. W. F. Willcox, The Apportionment Problem and the Size of the House: A Return to Webster, *Cornell Law Quarterly*, Vol. **35** (1950), pp. 367–389.
5. W. F. Willcox, Last Words on the Apportionment Problem, *Law and Contemporary Problems*, Vol. **17** (1952), pp. 290–302.
6. W. F. Willcox, Methods of Apportioning Seats in the House of Representatives, *Journal of the American Statistical Association*, Vol. **49** (1954), pp. 685–695.

ヒル方式を支持するもの：

1. Z. Chafee, Jr., Congressional Reapportionment, *Harvard Law Review*, Vol. **42** (1929), pp. 1015–1047.
2. Z. Chafee, Jr., Reapportionment of the House of Representatives under 1950 Census, *Cornell Law Review*, Vol. **36** (1951), pp. 643–665.

3. C. W. Doten, E. F. Gay, W. C. Mitchell, E. R. A. Selinman, A. A. Young and W. S. Rossiter, Report upon the Apportionment of Representatives, *Quarterly Publications of the American Statistical Association*, Vol. **17** (1921), pp. 1004–1013.

4. L. R. Ernst, Apportionment Methods for the House of Representatives and the Court Challenges, *Management Science*, Vol. **40** (1994), pp. 1207–1227.

5. H. V. Huntington, The Mathematical Theory of the Apportionment of Representatives, *Proceedings of the National Academy of Sciences*, Vol. **7** (1921), pp. 123–127.

6. H. V. Huntington, A New Method of Apportionment of Representatives, *Quarterly Publications of the American Statistical Association*, Vol. **17** (1921), pp. 859–870.

7. E. V. Huntington, The Apportionment of Representatives in Congress, *Transactions of the American Mathematical Society*, Vol. **30** (1928), pp. 85–110.

その他：

1. J. Aczél and J. Dhombres, *Functional Equations in Several Variables*, Cambridge University Press, Cambridge, 1989.

2. 一森哲男, レニーのエントロピーを最大にする議席配分方式について, 日本応用数理学会論文誌, Vol. **22** (2012), pp. 81–96.

3. 一森哲男, 議員定数配分問題の離散最適化による解法について, 日本応用数理学会論文誌, Vol. **23** (2013), pp. 15–35.

4. 村田 昇,『新版 情報理論の基礎』, サイエンス社, 東京, 2008.

5. A. Rényi, On Measures of Entropy and Information, *Proceedings of the 4th Berkeley Symposium on Mathematics, Statistics and Probability*, (1960), pp. 547–561.

6. K. B. Stolarsky, Generalizations of the Logarithmic Mean, *Mathematics Magazine*, Vol. **48** (1975), pp. 87–92.

索　引

【あ行】

アイデントリック平均, 76
アダムズ方式, 26, 103
アラバマ・パラドックス, 15

一様性（配分方式）, 37
1票の格差, 106
1票の不平等関数, 84

ウェブスター方式, 4

エントロピー, 69

【か行】

偏り, 55
カルバック・ライブラー・ダイバー
　　ジェンス, 71
緩和比例, 91

幾何平均, 18
擬距離, 72
基準人数, 9
基本配分（最大剰余方式）, 13

限界効用逓減の法則, 85

コーシーの関数方程式, 140

【さ行】

最大最小不等式, 73
最大剰余方式, 13
算術平均, 18

ジェファソン方式, 2
弱人口単調性（配分方式）, 37
弱比例性（配分方式）, 37
シャノンのエントロピー, 69
除数, 26
除数方式, 25
人口単調性（配分方式）, 38
人口パラドックス, 16
新州加入パラドックス, 16

ストラスキー平均, 76
スライド法, 31

ゼロ次同次性, 92
選挙区サイズ, 9

【た行】

対称性（配分方式）, 37
対数平均, 76
ダイバージェンス, 71

中庸方式, 97
調和平均, 26

追加配分（最大剰余方式）, 13

ディーン方式, 26

同次性（配分方式）, 37
同順位（配分結果）, 28
取り分, 12

【は行】

配分方式 $d(n)$, 26
バタチャリア係数, 97
ハミルトン方式, 12
パンチカードシステム, 126
ハンティントンの不等式, 29

ヒル方式, 17

比例型の除数方式, 62
ビントン方式, 12

ホレリス, 126

【ま行】

丸め関数（除数方式）, 25

【ら行】

ラウンズ方式, 126
ランク指数, 32
ランク法, 32

レニー・ダイバージェンス, 71
レニーのエントロピー, 69
レンジ（範囲）, 106

著者紹介

一森哲男 (いちもり てつお)

大阪大学工学部卒業
大阪大学大学院工学研究科博士後期課程修了（工学博士）
大阪工業大学情報科学部教授

主な著書
公正な代表制 （千倉書房，訳書）
OR による経営システム科学 （朝倉書店，共著）
オペレーションズ・リサーチ （共立出版，共著）
数理計画法—最適化の手法 （共立出版）
グラフ理論 （共立出版）

議席配分の数理
—選挙制度に潜む 200 年の数学—

© 2018 Tetsuo Ichimori　　　Printed in Japan

2018 年 4 月 30 日　初版 1 刷発行

著　者　　一　森　哲　男

発行者　　井　芹　昌　信

発行所　　株式
会社 近代科学社

〒162-0843　東京都新宿区市谷田町 2-7-15
電　話 03-3260-6161　振　替 00160-5-7625
http://www.kindaikagaku.co.jp/

三美印刷　　　　　　ISBN 978-4-7649-0564-1
定価はカバーに表示してあります.